孤岛油田化学驱采出液处理技术

张学超 著

石油工业出版社

内容提要

本书以孤岛油田化学驱采出液处理为例，系统论述了油田在采出液定量分析、油水处理剂研制、水质稳定、注水系统结垢防治、配聚水保黏方面的一些典型做法，系统梳理了化学驱采出液处理方面的经验做法，并给出了现场应用实例。

本书基础资料丰富，内容详细，图文并茂，可供同类油田的技术人员及石油高校相关专业师生参考使用。

图书在版编目（CIP）数据

孤岛油田化学驱采出液处理技术 / 张学超著．—北京：石油工业出版社，2020.6

ISBN 978-7-5183-3582-4

Ⅰ．①孤… Ⅱ．①张… Ⅲ．①油田化学–采油废水–废水处理–东营 Ⅳ．① X703

中国版本图书馆 CIP 数据核字（2020）第 058583 号

出版发行：石油工业出版社

（北京安定门外安华里 2 区 1 号　100011）

网　　址：www.petropub.com

编辑部：（010）64523544

图书营销中心：（010）64523633

经　　销：全国新华书店

印　　刷：北京中石油彩色印刷有限责任公司

2020 年 6 月第 1 版　2020 年 6 月第 1 次印刷
787×1092 毫米　开本：16　印张：11.5
字数：230 千字

定价：100.00 元
（如发现印装质量问题，我社图书营销中心负责调换）
版权所有，翻印必究

前　言

胜利油田已进入特高含水开发阶段，随着注聚合物、热采等三次采油技术的不断应用，采出液越来越复杂，使得原油脱水和污水处理难度加大。

孤岛采油厂作为胜利油田的主力采油厂，热采稠油和注聚原油产量占总产量的四分之三，采出液聚合物含量高、原油黏度大、原油中表面活性组分含量高、采出液中超细黏土颗粒携带量较大、原油乳状液结构复杂，破乳剂适应性差，造成原油脱水困难和处理后污水含油量过高。传统的破乳剂筛选方法是选用不同的破乳剂进行原油破乳实验。由于对原油性质与破乳剂的破乳效果缺乏系统、有效的关联，使破乳剂的合成和筛选针对性不强，造成工作量大、效率低。一旦原油脱水出现问题，只能重新进行繁重的破乳剂筛选实验，不能及时解决生产问题。

孤岛油田在开采和处理过程中投加了多种药剂，同时伴随着高温、高矿化度、细菌、有害气体等因素，成分多种多样，也造成了油田采出水的多样性和复杂性。由于聚合物、硫化氢、二氧化碳、溶解氧及细菌等多种成分的综合作用，联合站处理后污水再供注水系统水质不稳定，腐蚀、结垢严重。由于系统沿程结垢，造成掺水系统、注水注聚系统管网结垢堵塞严重；注水井口水质不达标，地层堵塞，注入压力增大；注聚油压高、注聚井管柱堵塞、井口黏度降低等问题，严重影响生产，甚至影响采收率。

孤岛采油厂在化学驱采出液油水分离方面提出以采出液组分分析为起点，研究采出液中油相、水相组分对采出液乳化性能及脱水效果的影响，建立原油组成与破乳剂作用效果的关系图版，从而有针对性地研制采出液油水处理剂。

在水质稳定及注水系统结垢防治方面，孤岛采油厂通过污水系统沿程水质和沉积物形成机理分析，在明确腐蚀结垢机理和污水水质稳定性影响因素的基础上，成功研制了抑制孤岛油田注水系统结垢、腐蚀的一体化药剂，从源头杜绝了含聚油泥及沉积堵塞物的产生，经过现场应用沿程污水水质稳定，减少管网腐蚀堵塞。并针对注水、掺水管线堵塞物研究优化了针对性强的清垢剂系列，对系统堵塞严重管网进行清洗，效果显著。

本书为全面了解和掌握孤岛油田化学驱采出液处理技术提供了丰富的材料，也可供其他同类油田的技术人员参考。

目 录

第一章 概论 ··· 1
  第一节 化学驱油水分离工艺及发展 ·· 1
    一、原油脱水处理技术 ·· 1
    二、含油污水处理技术 ·· 5
  第二节 油水处理剂发展历程 ··· 8
    一、油水分离剂发展概况 ··· 8
    二、三防药剂发展概况 ··· 12

第二章 采出液油水分离技术研究 ·· 17
  第一节 孤岛采出液处理工艺流程 ··· 17
    一、孤岛原油脱水工艺发展历程 ·· 17
    二、孤岛原油破乳剂发展及应用 ·· 19
  第二节 采出液组分性质与分析方法 ·· 20
    一、原油组分分离方法 ··· 20
    二、污水组成分析方法 ··· 24
    三、原油组分及污水中有机物的结构表征 ······································· 30
  第三节 采出液稳定性对油水分离的影响 ·· 42
    一、采出液各组分的界面性质 ·· 42
    二、原油乳状液破乳稳定性的影响因素 ·· 51
    三、污水组分对乳状液稳定性的影响 ··· 62
  第四节 破乳剂研究 ··· 73
    一、原油乳状液组成对破乳剂破乳性能的影响 ································· 73
    二、原油乳状液组成与破乳剂结构类型关系图版 ······························ 85
    三、孤岛油田破乳剂研究 ·· 91

第三章 回注水水质稳定技术研究 ················· 93

第一节 回注水处理工艺 ················· 93
一、油田回注水的来源及特点 ················· 93
二、采出水处理工艺 ················· 94
三、孤岛供注水系统管网现状 ················· 98

第二节 水质稳定性影响因素分析 ················· 101
一、孤岛污水水质及典型堵塞物分析 ················· 101
二、腐蚀影响因素分析 ················· 104
三、结垢影响因素分析 ················· 106

第三节 污水水质与水质稳定性影响关系 ················· 107
一、油田回注水中硫的来源、存在形式及影响 ················· 107
二、细菌种类、来源及影响 ················· 108
三、其他因素对管线结垢堵塞的影响 ················· 109
四、各联合站外输污水水质稳定性评价实验 ················· 111
五、水质稳定性与系统堵塞影响因素分析 ················· 112

第四节 水处理剂研究 ················· 112
一、净水除油剂研究 ················· 112
二、杀菌缓蚀一体化药剂研究 ················· 116

第四章 配聚水处理技术研究 ················· 119

第一节 孤岛采出水配聚工艺 ················· 119
一、孤岛注聚工程技术发展历程 ················· 119
二、孤岛注聚工程技术现状 ················· 120

第二节 聚合物黏度影响因素分析 ················· 123
一、配聚水水质分析 ················· 123
二、配聚污水黏度影响因素全分析 ················· 124
三、各节点 S^{2-} 和 Fe^{2+} 检测 ················· 125
四、污水中硫化物随时间变化检测 ················· 126

第三节 生物配聚保黏技术研究 ················· 127
一、工艺原理介绍 ················· 128
二、脱硫抑硫菌的筛选及评价 ················· 129
三、生物脱硫抑硫及生物除铁技术研究 ················· 139
四、亚硫酸盐还原酶抑制研究 ················· 147

第五章 孤岛油田化学驱采出液处理技术应用实例 ……………………… 155

第一节 油水分离剂在化学驱采出液和含油污水处理中的应用实例 ………… 155
一、联合站生产工艺流程 ……………………………………………………… 155
二、采出液处理剂应用及工艺配套 …………………………………………… 157

第二节 孤岛化学驱采出液水质稳定提升试验 ………………………………… 160
一、孤二污水站水质稳定提升试验 …………………………………………… 161
二、孤五污水站水质稳定提升试验 …………………………………………… 163

第三节 孤岛含聚污水配聚保黏控制试验 ……………………………………… 164
一、生物脱硫保黏处理试验设计方案 ………………………………………… 164
二、生物脱硫保黏现场试验实施步骤 ………………………………………… 164
三、现场运行管理 ……………………………………………………………… 166
四、QHSE要求及应急预案 …………………………………………………… 167
五、现场试验效果 ……………………………………………………………… 167

参考文献 ………………………………………………………………………………… 173

第一章 概论

第一节 化学驱油水分离工艺及发展

我国大庆、胜利等老油区广泛采用聚合物驱等三次采油技术,为老油田原油稳产奠定了坚实的基础。但聚合物驱采出水中因含有聚合物而黏度高,水中油滴及固体悬浮物的乳化稳定性强,导致油水分离过程中中间相变厚和水相中油含量过高、污水处理难度大,采出液的破乳脱水问题以及油水分离过程产生的高含油污水问题成为这些油田亟待解决的问题。近年来,孤岛油田化学驱采出液处理问题已成为制约油田生产的技术难题。具体问题是:(1)采出液破乳脱水困难,脱水油的含水量难以达到外输指标;(2)脱出水中含油量高,污水处理难度加大,难以达到回注水指标;(3)采出液综合处理成本提高。

一、原油脱水处理技术

含水原油乳状液不符合外输及炼油的要求,需要利用原油乳状液破乳技术,常用的破乳方法可以分为物理机械方法、物理化学方法和电化学法三类。

(一)物理机械方法

物理机械方法包括静置上浮、离心分离、电沉降、超声波处理、加热等方法。

1. 电沉降法

电沉降法主要用于 W/O 型乳状液,在电场的作用下,使作为内相的水珠聚结。

2. 超声波法

超声波法是常用的一种形成乳状液时的搅拌手段,但使用强度不大的超声波时又可以发生破乳。

3. 加热法

加热提高温度，增强分子的热运动有利于液珠的聚结，而温度升高时，外相黏度降低，从而降低了乳状液的稳定性，容易破乳。

4. 静置上浮或沉降分离法

乳状液在静置过程中由于分散相和连续相相对密度的不同，O/W 型乳状液中的分散相通常发生上浮，而 W/O 型乳状液中的分散相液滴有沉降的倾向。乳状液中油滴越大，使用静置的方法分离越容易。

5. 离心分离法

利用离心分离的方法比一般静置分离要快得多。在离心分离机中，密度大的杂质首先被离心沉降去除，而乳状液分离需要使用动力更强的高速离心机，因为产生的离心力与旋转轴的半径及旋转速度的平方成正比，高速离心机的转速可达 17000r/min，离心方法可把较大的油滴分离，但要把细小油滴全部分离则不够经济。

6. 降低黏度法

降低黏度采用的方法，一是加热，加热可使油相黏度降低，促进 W/O 型乳状液的油水分离。二是当 O/W 型乳状液中分散相与连续相体积比接近时，或连续相含有增稠剂时加入大量水有利于黏度降低促进分离。而在 W/O 型乳状液中加入有机溶剂稀释则起到使分散水滴容易沉降的作用。

（二）物理化学方法

通过改变乳状液界面膜性质，减少液滴表面电荷，使界面膜强度降低，从而使稳定的乳状液变得不稳定。

1. 加无机酸法

当乳状液分散相液滴表面带有负电荷时，在这类乳状液中加入无机酸，可使界面膜破坏而破乳。

2. 加入表面活性剂使 HLB 值改变

当乳化物与乳化剂的 HLB 值相匹配时，形成的乳状液能保持稳定；而在乳状液中加入远离乳化物所需的 HLB 值的乳化剂时，将使乳状液变得不稳定。如用 HLB 值低的亲油性乳化剂配制的 W/O 型乳状液中加入 HLB 值高的亲水性乳化剂，或用 HLB 值高的亲水性乳化剂配制的 O/W 型乳状液中加入 HLB 值低的亲油性乳化剂，都有促进乳状液破坏的作用。

3. 破坏乳化剂的界面活性作用

采用的方法有使表面活性剂溶解、使表面活性剂分解、形成不活化的复合物、使乳化剂脱离相界面等。

使表面活性剂溶解：当表面活性剂以分子状态溶解形成真溶液时，表面活性剂的表面活性作用将大大降低造成乳状液破坏，如向 O/W 型乳状液中加入乙醇时，表面活性剂在水中的溶解情况发生变化，在油水相界面吸附的乳化剂数量大幅降低，使界面膜变薄而造成破乳。

使表面活性剂分解：加入能与表面活性剂反应的化学物质，使其分解或生成没有表面活性的物质则可使乳状液破坏。

形成不活化的复合物：阴离子表面活性剂与阳离子表面活性剂混合时生成不活化的复合物，使其表面活性丧失；同样，表面活性剂中的阴离子如果与其他阳离子物质结合生成不溶性复合物，也会使其表面活性丧失，造成乳状液破坏。

使乳化剂脱离相界面：固体粉末乳化剂的特点是在油水两相有相似的溶解性能，因而倾向于吸附在相界面起到降低界面张力的作用，当加入某种表面活性剂使固体粉末被某相完全润湿时，它就会脱离界面使乳状液破坏。

（三）电化学法

电破乳法常用于 W/O 型乳状液的破乳。由于油的电阻率很大，工业上常用 16000~35000V 高压交流电破乳。高压电场的作用为：极性的乳化剂分子在电场中随电场转向，从而能削弱其保护膜的强度；水滴极化后，水滴相互吸引，使水滴排成一串，成珍珠项链状，当电压升至某一值时，这些小水滴瞬间聚集成大水滴，在重力作用下分离出来。利用电场使原油破乳脱水具有很好的效果。经过单一阶段的电力破乳装置可脱去 65%~95% 的水，使用两个单元组成的电力破乳装置可脱去原油中 99% 的水。利用电力破乳一般也要在原油中加入化学药品及加热预处理。对于原油乳状液，必须使用高效、具有多种性能的破乳剂，降低原油的黏度，消除或减弱蜡晶及网状结构的作用，破坏油水界面膜或减弱油水界面膜的强度，这是对原油乳状液破乳的主要手段。在油田现场作业中，一般都是电脱水与化学脱水相结合，达到原油脱水的目的。在实际应用中，根据原油含水率的不同，又可将电化学脱水法分为一段电化学脱水、二段电化学脱水和三段电化学脱水。

1. 一段电化学脱水

原油一段电化学脱水是指在脱水之前加入一定量的原油脱乳剂，使油包水型乳状液破乳将水释放出来，再经过脱水器将原油脱水至合格。其工艺流程如图 1-1 所示。从中转站输送来的含水原油经分离缓冲，加入原油破乳剂，升温升压后进电脱水器脱水。合格后的脱水原油用泵外输，从电脱水器底部放出的污水直接进入污水处理站。该流程适用于处理含水率为 20% 或 20% 以下的原油。由于一般电脱水之前都将含水原油升至较高温度（大于 50℃），故该工艺放出的污水温度较高，因而便于处理。但当脱水器油水界面控制不当时，污水含油量偏高又对污水处理带来困难。

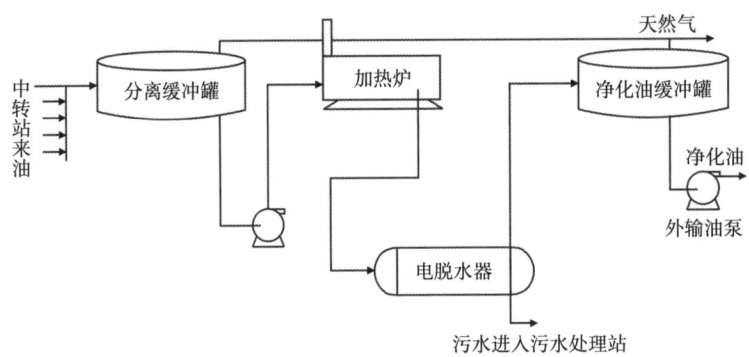

图 1-1　原油一段电化学脱水工艺流程

2. 二段电化学脱水

二段电化学脱水工艺如图 1-2 所示。

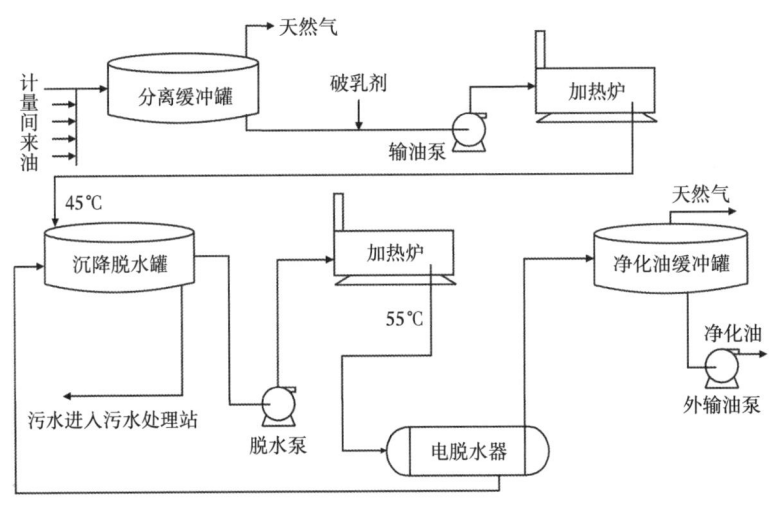

图 1-2　原油二段电化学脱水工艺流程

含水原油在中转站加破乳剂后，用泵送入脱水转运站进行脱水，使含水率降到20%以下，再加热升温进行电脱水。已脱水净化的原油经缓冲罐由泵外输；电脱水器放出的污水先进沉降脱水罐，然后由罐底部将污水放至污水处理站。该流程适用于处理原油含水率为20%~50%的原油。

3. 三段电化学脱水

三段电化学脱水工艺如图 1-3 所示。

从中转站送来的含水原油，首先经过游离水脱除器将游离水脱出来，经该段可使含水率降至20%；再升压加热进行电脱水。以上三种脱水器放出的污水统一进入污水处理站。该流程适用于处理含水率为50%以上的原油。该工艺脱出的污水温度较低，有时在40℃以下，污水不易处理。

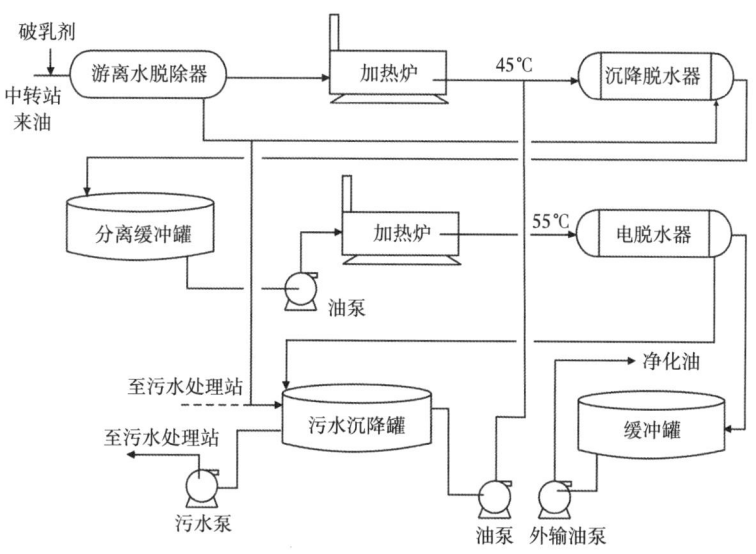

图 1-3 原油三段电化学脱水工艺流程

二、含油污水处理技术

目前,国内外处理含油污水的方法主要有隔油处理法、气浮法、凝聚过滤法、化学处理法、生物法、吸附法、膜分离技术、三相旋流分离器技术和射流气浮技术等。国内各油田对含油污水普遍采用的隔油除油—混凝—过滤三段处理工艺存在较多问题,给油田生产和环境保护造成一定困难。

(一)隔油处理法

隔油处理法主要去除游离态和机械分散态油,靠自然上浮分离。常用的隔油池类型有平流式隔油池、平板式隔油池和斜板式隔油池等。

(二)气浮法

按照气泡产生的方法,可分为加压溶气气浮(DAF)、叶轮气浮(IAF)、曝气气浮、引风空气气浮和电解气浮等。气浮法常作为二级处理技术。为确保最佳除油效果必须结合絮凝法,对于去除胶态油与乳化油,加压溶气气浮法中的化学处理步骤是非常重要的。

(三)凝聚过滤法

凝聚过滤除油机理是小油珠凝聚和大油珠直接去除两种机理的综合,是利用油水两相对聚结材料亲和力相差悬殊的特性进行油水分离。当含油污水通过填充着亲油的聚结材料时,油滴被材料捕获而停留在滤层表面的空隙内,油珠不断聚集,油滴粒径由小而大,油滴的浮力逐渐增大,从而上升至水面。当油浸透整个滤层时,对滤层材料就应该进行再生处理。粗粒化法能去除的最小油滴直径为 20 μm。水处理用的深层过滤器用堆积的多层砂粒或焦炭粒中的大量空隙来聚集油滴，滤层堆积方式是从上到下，滤层之间的颗粒逐渐由细变粗。其对进口含油量不允许太高，一般作为油水分离的最后一道工序，用以把关，控制水质以达到排放标准。Modular 公司的粗粒化器由 PVC 材料和玻璃纤维制成，污水进入螺纹流通道后充分混合，可控湍流使油滴相互结合，只聚集油滴，不分离固体颗粒，油水分离的效率高；且可使化学絮凝剂更有效地进行混合，减少了药剂的投加量，降低了成本。

（四）化学处理法

化学处理法主要用于去除乳化油。一般是直接用化学药剂来削弱分散态油珠的稳定性，然后通过沉降或气浮法将分离的油去除。根据投加化学药剂的不同，主要分为酸化法、盐析法、凝聚法、混合法等。凝聚法是国内外常用的破乳除油方法，如油田污水中的乳化油常用投加破乳絮凝剂来破乳，不仅可除去污水中的乳化油，还可使污水中的固体颗粒聚集。投加絮凝剂后，气浮除油的效率可提高 10%~25%，最高可达 95% 以上。开发高质量低用量的破乳絮凝剂是有意义的研究方向。混合法就是盐析法、酸化法、凝聚法等的综合利用，可取得更佳的效果。

（五）吸附法

吸附法是利用亲油性材料来吸附水中的油。常用吸附剂可分为三类：碳质吸附剂、无机吸附剂和有机吸附剂。其中碳质吸附剂中的泥炭吸附剂可用于去除乳化油和作为破乳剂。天然无机吸附剂如经过煅烧的活化矾土、泥灰岩、褐煤等，既可用作油吸附剂，也可作为破乳剂，用于乳化油去除。另外，污水与聚结材料的接触方式及聚结分离器的结构也会影响除油效果。活性炭吸附法由于处理成本高、再生难，使用上受到一定的限制，国外已逐渐用它来对含油污水进行深度处理，以满足日益严格的污水排放标准要求。日本是较多采用粒状活性炭进行深度处理的国家，现在大约有 30 套工业装置。美国目前正进行采用粉末活性炭投加到生化曝气池中处理含油污水的技术研究。国内也开展了使用粒状活性炭处理含油污水的研究与实践。在含油量很低的条件下，活性炭除油效果非常显著，可高达 95% 以上。

（六）膜分离技术

近年来，越来越多的膜分离技术开始用于油田采出水处理。膜分离技术是利用膜的选择透过性进行分离和提纯的技术。膜分离法是利用液—液分散体系中两相与固体膜表面亲和力不同达到分离的目的，主要是指反渗透（RO）、超滤（UF）和渗析等，在含油废水处理中研究较多的是超滤法。与传统方法相比，该方法的优点是不需加入其他试剂，无二次污染，不产生油污泥，浓缩液可焚烧处理，且选择合适的膜处理后的出水一般可达到直接排放标准，或直接作为工业用水使用。但需对废水进行严格的预处理，同时膜的清洗也较麻烦，存在操作费用高等问题。

（七）三相旋流分离器技术

为发挥旋流分离技术体积小、效率高的优势，同时克服其两相分离在污水处理系统实际应用中的不足，瑞典人Bendasiki于1988年提出一种可同时分离悬浮固相、水和油的三相旋流分离器，并首先用于船舱污水的处理。应用效果表明：对粒径为40μm的油滴去除率为80%以上，对悬浮固相的去除率达50%。1994年J.J.Seureau等通过对两相旋流分离器的流场研究，在Bendasiki的基础上，提出一种结构更合理、效率更高的液—液—固三相旋流分离器。其结构和尺寸形状与污水除油旋流器相似，能同时实现悬浮固相和油相的高效分离。目前第一台样机已投入现场使用，分离结果表明：对粒径为40μm的油滴去除率为90%以上，对悬浮固相的去除率达70%。液—液—固三相旋流分离器的应用和发展前景十分看好。许多研究者更是将粗分离、萃取等与旋流分离工艺进行组合，提高油水分离及污水除油效果。T.Kjos等研究了采用粗分离—油水、水油旋流分离组合工艺处理采出液，提高了效率，降低了成本。H.I.Brun等将饱和烃类气体作为萃取剂注入含油污水中，降低油滴的密度，借助旋流分离器实现油—水—气的分离。

（八）射流气浮技术

油田进入高含水开发阶段，特别是大面积推广聚合物驱采油后，采出液油水分离难度增大，建设成本增加。射流气浮及过滤技术就是为降低含油污水处理成本及建设投资，尤其是开发聚合物污水高效处理工艺设备而进行的技术研究。该技术1993年在美国首次应用，1995年我国开始试用，1997年大庆萨中油田进行试验，历经小型、中型、小型工业化、大型工业化四个阶段的现场试验，取得了较好效果。当来水含油量小于400mg/L、日处理量为10000m^{3}时，经一级气浮选和一级过滤，污水处理完全达标，且优于目标值，达到了中、高渗透污水水质指标。

射流气浮装置可以代替沉降罐，并且可以取消沉降工艺中的反冲设备，简化了工艺流程，可降低投资50%，在含油污水处理，特别是低浓度聚合物污水处理上取得了令人满意的效果。但随着聚合物浓度的升高，射流气浮技术是否可用还有待实践检验。

（九）其他方法

近几年来处于研究中的微波及超声波破乳以其快速、高效、无化学药剂污染等优点引起了人们的极大重视。

从20世纪80年代末就有关于微波加速破乳过程的研究报道。傅大放等用微波辐射法处理乳化含油废水，实验结果显示，与常规加热法相比，微波辐射破乳具有效率高、速度快的优点。微波加速乳状液破乳作用机理主要包括：乳状液温度升高黏度降低，分散介质与分散相的分离过程加快；另一方面，极性分子在微波场上的高频率旋转导致电中和作用，破坏油—水界面的双电层，Zeta电位值降低，分散介质颗粒聚集、凝并。由于微波辐射破乳法不使用化学破乳药剂，避免了化学药剂对处理水资源的污染，是一种环境友好的破乳方法。

中国科学院大连化学物理研究所的夏立新等研究沥青质、胶质、固体颗粒稳定的乳状液及三元复合驱乳状液的微波破乳效果，结果显示微波破乳比常规加热破乳速度快一个数量级，且少量盐的存在更有利于加速微波破乳。

孙宝江等利用超声波对三次采油采出液中分离出的污水进行除油处理。在超声波频率为21kHz、超声辐射时间为30min、无量纲声强为0.46~0.6、温度为60℃、沉降分离时间为2h条件下，除油率达98%，污水中油含量降到40mg/L。而在同样条件下，自然沉降分离后污水中的含油量为200 mg/L左右。他们还研究了超声波用于孤岛油田聚合物驱水包油乳状液的破乳，温度为55℃，在最优化条件下超声波与破乳剂联合处理30min，沉降4h，脱水率达到96.5%，而在同样条件下不用超声波处理的原油脱水率仅为73%。

Ichikawa等用1~10V/cm的低压电场对模拟浓水包油型乳状液和稀水包油型乳状液进行破乳研究。结果发现浓水包油型乳状液的破乳几乎在两电极所在的区间内快速进行，而稀水包油型乳状液只在电极周围的区域破乳。这是因为稀乳状液是通过油珠的电泳而破乳，而浓乳状液是通过油珠的碰撞实现的，电解质浓度增加有利于破乳。低压电场对浓水包油型乳状液的破乳机理既不是电解作用，也不是电泳作用，而是在低压电场作用下油珠表面电荷重排，从而使油珠表面静电排斥能减少，这与传统的电解破乳机理不同。

第二节　油水处理剂发展历程

一、油水分离剂发展概况

（一）原油破乳剂

19世纪初，最早使用氢氧化钠、盐和硫酸亚铁、酚、醚、酮等作为原油破乳剂，其破乳效率低，而且会污染原油，现已淘汰。20世纪20年代开始发展表面活性剂作为原油破乳剂，第一代原油破乳剂以阴离子表面活性剂为主，包含脂肪酸及盐、环烷酸、烷基芳香烃和芳香烃的磺酸盐、石油磺酸盐、土耳其红油等。20世纪40年代发展了合成阴离子磺酸盐型表面活性剂，以低分子非离子表面活性剂为主的第二代原油破乳剂（如OP系列、Tween系列等）发展起来。20世纪60年代至今，第三代破乳剂以高分子非离子型表面活性剂为主。20世纪80年代以后，出现了聚胺类、聚合物型和两性离子破乳剂。20世纪90年代以后，多元线型或体型聚合物、两性离子聚合物及其复配物应用较多，以聚醚、有机硅氧烷嵌段共聚物、缩水多元醇、长链咪唑啉、改性树脂、丙三醇等为起始剂的破乳剂，在扩链剂方面有了较为深入的研究，使用的扩链剂包括醛、二元或多元羧酸、环氧衍生物和多异氰酸酯，先后研制出多种新型原油破乳剂。比较有代表性的新型破乳剂有以下几种：高极性有机胺衍生物、多价阳离子复配破乳剂、乙氧基化多元醇破乳剂、四元共聚高分子破乳剂、星形聚合物、具有双亲—双疏结构的破乳剂等。目前国内外破乳剂种类繁多，破乳剂的品种已达两千多种，但仍是以非离子型的聚氧丙烯聚氧乙烯嵌段共聚物为主，在此基础上进行改性、复配研究。

我国油田常用的破乳剂品牌有 AE 型、AR 型、SP 型、TA 型、DPA 型和 PE 型等。从 20 世纪 80 年代中期到现在，我国油田工作者在破乳剂的研制、合成方面做了大量的工作，针对油田各自的特点，研制出了一系列破乳剂，包括：（1）聚氨酯原油破乳剂；（2）磷酸酯型原油破乳剂；（3）烷基酚醛树脂型原油低温破乳剂；（4）反相破乳剂；（5）超高分子量聚醚原油破乳剂。

在原油破乳剂的研究、生产及应用方面，我国存在的主要问题有以下几个方面：（1）目前我国自行研制生产的破乳剂用于油田和炼厂的有 200 多个牌号、年产量达 2000t 左右，但作为单剂，从类型和结构上分，仅有 40 多个破乳剂产品，众多的破乳剂牌号，则是由这 40 多个单剂产品进行各种各样的复配而来。复配是一种有效的手段和方法。近几年来，国内无论是研究工作者、生产厂家还是使用者对破乳剂的复配热情很高，但是在一定程度上，对研究新型的破乳剂缺乏积极性，新型破乳剂的研究进展缓慢，没有足够数量的单剂可供复配选择，因此对新型破乳剂单剂的开发研制是十分必要的。（2）由于目前油田和炼厂所使用的破乳剂无统一的产品命名规则，复配也带来一些问题，如同一个复配配方就可能有不同的名称，这样就造成了破乳剂产品牌号混乱，给产品质量检验也带来一定的困难。

总之，破乳剂这几十年的发展过程是由低分子到高分子再到超高分子表面活性剂、非离子表面活性剂逐渐代替阴离子表面活性剂、醚型破乳剂发展为多段破乳剂、由单一破乳剂发展到复配破乳剂、由水溶性破乳剂发展到油溶性破乳剂。原油化学破乳的理论也逐渐成熟，破乳剂的品种更加繁多。

（二）净水除油剂

近几年，针对油田采出水特别是油田含聚污水的特点也开发了一些新型絮凝剂，但所有絮凝剂都是针对 HPAM 进行的，多是无机阳离子絮凝剂 PAC 的改性或复配的结果，而且存在用量大、处理后污泥中无机离子含量高、污泥脱水困难等问题。有机高分子絮凝剂（尤其是阳离子型）的应用也有报道，但存在成本较高、对后续处理产生不良影响等问题。近几年，O/W 型乳状液破乳剂在污水处理中的应用受到重视。下面就近 20 年含油污水处理剂方面的研究进行系统总结。

1. 含油污水絮凝剂

含油污水化学处理法因具有一次性投资少,见效快,并可根据采出液或污水的组成变化随时调节药剂,应急速度快,沉降时间短,处理效果好,操作简单等优点而被国内外广泛采用,而絮凝剂又是絮凝法处理技术的核心。含油污水处理用的絮凝剂是指能够使水中的胶体微粒相互粘结和聚结的物质,具有破坏胶体的稳定性和促进胶体絮凝的功能,包括无机型、有机型、无机—有机复合与复配型三大类。

絮凝作用过程是水中胶体粒子聚集的过程,也就是胶粒成长的过程,而该过程与絮凝剂的种类及结构有很大关系。因此,絮凝作用机理主要与以下三个因素有关:一是胶粒性质;二是不同絮凝剂在不同条件下的存在形式;三是胶粒与絮凝剂之间的相互作用。絮凝剂与胶粒之间的作用有四种,即压缩双电层作用、吸附—电中和作用、吸附—架桥作用和卷扫作用。

无机絮凝剂主要包括聚合铝、聚合铁、聚硅氯化铝、聚硅硫酸铝等。其中应用最广的是聚合铝及聚合铁。但单一铝盐或铁盐絮凝剂所形成的絮体密度小、易碎,且处理后水中铝、铁的残留量高。因此,人们将铝盐引入聚硅酸中即制成聚硅氯化铝(PASC)、聚硅硫酸铝等。这类絮凝剂兼具聚硅酸和聚合铝的优点而又避免各自的缺点,絮凝脱稳性能远超过单独的聚硅酸和聚合铝,除浊、除色性能优越,处理后水的pH值改变小,絮体粗大,易沉降,过滤性好,残留铝含量较低。无机絮凝剂存在用量大、产生污泥量大,且污泥脱水困难的问题。使用效果受pH值影响较大,加之无机聚合物形成的絮体小且易碎,易进入滤后水中而影响处理效果。这些缺陷促进了有机絮凝剂的迅速发展。

有机高分子絮凝剂通常分为天然有机高分子改性絮凝剂和合成有机高分子絮凝剂两大类。天然有机高分子改性絮凝剂包括淀粉、纤维素、含胶植物、多糖类和蛋白质等类别的衍生物,具有不可比拟的优点:原料来源丰富,价格便宜;无毒且易生化降解,不造成二次污染;种类较多,分子内活性基团多,可选择性大,易根据需要采用不同制备方法进行改性。但其使用量远小于合成有机高分子絮凝剂,原因是其电荷密度小、相对分子质量低、易发生生物降解而失去絮凝活性,且存在用药量大、絮凝效果不理想等缺点。

合成有机高分子絮凝剂是一类利用有机单体经化学聚合或高分子化合物共聚而成的有机高分子化合物,由于其高分子链上加入了极性基团使其具有了电中和特性。其絮凝机理是通过电中和,使高分子链与多个胶体颗粒以化学键相结合,形成桥连同时高分子具有较强的吸附作用,因而形成大的胶体颗粒分子团而沉降下来。另外,其絮凝过程还具有网捕卷扫作用,使得沉降更加迅速。合成有机高分子絮凝剂按所带电荷种类可分为阳离子型、阴离子型、非离子型和两性型等多种。阴离子型的有部分水解聚丙烯酰胺、聚苯乙烯磺酸盐、聚丙烯酸盐等。非离子型的有PAM、聚氧乙烯、聚氧丙烯、聚乙烯醇等。非离子型和阴离子型的絮凝剂絮凝作用以桥连作用为主,故要求相对分子质量很大才起作用。

污水中的乳化油及悬浮颗粒表面常携带负电荷，使阳离子絮凝剂用作含油污水处理剂倍受重视。它可以降低油滴及悬浮固体表面的电荷，降低该体系的稳定性，还可在油滴及其悬浮固体颗粒间产生桥连，使之成大颗粒从水中滤除。目前研究及应用较多的有机阳离子絮凝剂主要为聚丙烯酰胺与阳离子单体的共聚物，如二甲基二烯丙基氯化铵—丙烯酰胺（PDADMA—AM）共聚物及（甲基）丙烯酰氧乙基三甲基氯化铵—丙烯酰胺（DMC—AM）共聚物等。有机阳离子絮凝剂的电荷密度及阳离子度越高，电中和作用越强，但成本也越高。一般选择合成相对分子质量大、阳离子度在20%~40%之间的产品用于水处理。

合成有机高分子絮凝剂具有比较高的相对分子质量，在10^5~10^7之间，其絮凝效果更好。与无机絮凝剂相比，具有用量少、絮凝快、不易受水的pH值和温度及共存盐类的影响、所产生的污泥量少且易于脱水等优点，但其缺点也很明显，主要是相对分子质量分布范围较宽，速溶性较差，使其絮凝效果波动较大。另外，合成有机高分子絮凝剂产品本身含有的残留单体不参加絮凝而使处理水带有一定毒性，易造成二次水体污染，这些都使其应用受到影响。

含油污水的组成通常较为复杂，仅用无机型或有机型絮凝剂处理，往往难以发挥最佳絮凝效果，因此，人们把注意力转向无机型与有机型絮凝剂的复合或复配使用上。无机型与有机型絮凝剂的复合或复配使用可互补增效，发挥出最佳絮凝作用，同时，复合或复配絮凝剂在处理含油量大、乳化稳定性较高的含油污水等方面，有其独特的优势。利用$Al(OH)_3$与聚丙烯酰胺复合，实验表明其所制得的絮凝剂在水处理的絮凝方面有着良好的效果。

目前在油田中广泛使用的絮凝剂大多是对无机阳离子絮凝剂进行改性或是复配而得到的，有机高分子絮凝剂虽然絮凝效果好，但由于价格较高，应用受到限制。可见对于絮凝法处理含聚污水的研究方向是研制高效廉价的阳离子絮凝剂，常用阳离子型聚丙烯酰胺（CPAM）与PAC复配作为絮凝剂处理含聚污水。

2. 含油污水破乳剂

由于聚合物驱含油污水中残留的阴离子型聚丙烯酰胺会与水驱含油污水处理中常规使用的阳离子型絮凝剂和混凝剂发生电性中和反应，一方面使所需的加药量显著增大，另一方面所形成的黏附力很强的絮体还会导致含油污水过滤器堵塞，使得在聚合物驱含油污水处理中投加阳离子型絮凝剂和混凝剂的除油效果降低。因此，O/W型乳状液破乳剂的研发及在含聚污水处理中的应用引起人们的重视。

对O/W型乳状液，其破乳剂主要有电解质、低分子醇、表面活性剂、高分子等。其中电解质有盐酸、氯化钠、氯化镁、氯化钙、硝酸铝、氧氯化钴等；低分子醇包括水溶性醇（如甲醇、乙醇、丙醇等）和油溶性醇（如己醇、庚醇等）；表面活性剂包括阳离子型表面活性剂和阴离子型表面活性剂；高分子破乳剂主要有阳离子型、阴离子型和非离子型高分子破乳剂。

吴迪等从阴离子型和非离子型药剂的思路出发，研发了对聚合物驱采出液有良好破乳作用且对聚合物驱含油污水有浮选除油功能的油水分离剂 Drows-1，并将油水分离剂的加药点设在聚合物驱采出液破乳之前，加药量为 20mg/L，采用热化学沉降—浮选处理工艺，使污水中油的质量浓度从 1500mg/L 降到 30mg/L 以下。

目前，常见的阳离子表面活性剂的亲水基绝大多数为季铵盐系列的产品。近年来，聚阳离子型高分子活性剂的品种不断问世，由于其分子中含有多个正氮离子且具有较大的相对分子质量，因此它不仅能对悬浮在水中、表面带负电荷的固体颗粒和油珠起着静电中和作用，而且还具有一定的吸附桥连、絮凝聚结的性能，其对净化油田的含油污水有着十分明显的效果。

二、三防药剂发展概况

油田回注水所用的三防药剂系指缓蚀剂、阻垢剂和杀菌剂。油田含油污水矿化度高，且含有溶解氧、硫化氢、二氧化碳和细菌等物质，对注水系统的钢管线及设备普遍存在着腐蚀现象，油田一般都是采用加入缓蚀剂对注水管线进行防腐处理。细菌是造成注水设备腐蚀与水质二次污染的主要因素之一，目前控制注入水中细菌的方法仍以投加杀菌剂为主。此外，国内外现在正积极地进行生物学防治技术研究，其原理是利用生物竞争排斥性技术，改变油藏微生物生态条件，这样可使油藏采出水中的 SRB（硫酸盐还原菌）和硫化物含量下降，从而达到杀菌和防腐的目的，以及重点研制和开发一剂多效的多功能水处理剂，如兼具絮凝、杀菌、缓蚀作用的天然改性高分子复合型药剂 CG-A 系列。阻垢剂是油田最为常用的抑制和减缓结垢的一项工艺技术，其阻垢机理主要是晶格畸变和络合增溶作用。油田中广泛使用的聚合物阻垢剂主要是聚丙烯酸及其衍生物，缺点是其生物降解性差，且在高温、高 pH 值、高钙离子含量下阻垢能力较差。因此，国外着重于开发和研制新的阻垢药剂，如新报道的一种阻垢剂——聚天冬氨酸，其阻垢率明显优于聚丙烯酸，且更易生物降解，表现出很好的发展前景。

（一）缓蚀剂

与其他防腐技术相比，使用缓蚀剂有如下明显的优点：（1）基本上不改变腐蚀环境，即可以获得良好的防腐效果；（2）不增加设备投资；（3）缓蚀剂作用效果不受被保护设备形状的影响；（4）对不同的材料/介质条件，可以通过改变缓蚀剂的种类和浓度以保证防腐效果；（5）复合缓蚀剂的配伍技术可以保证多种金属同时免于腐蚀破坏等。缓蚀剂有多种分类方法，可从不同的角度对缓蚀剂分类。按化学组成分类，可分为无机缓蚀剂和有机缓蚀剂。无机缓蚀剂主要包括铬酸盐、亚硝酸盐、硅酸盐、铝酸盐、钨酸盐、聚磷酸盐、锌盐等。由于无机缓蚀剂中硅酸盐缓蚀效果差，锌盐和铬酸盐的重金属污染，磷酸盐的水体富营养化，铝酸盐成本高等问题，人们对缓蚀剂的应用逐渐向有机缓蚀剂转移。有机缓蚀剂主要包括磷酸（盐）、膦羧酸、巯基苯并噻唑、苯并三唑、磺化木质素等一些含氮氧化合物的杂环化合物。还可通过复配几种缓蚀剂达到用量少、效果好的防腐目的。

李谦定等以伯胺、甲醛、苯乙酮和丙酮为原料合成的曼尼希碱具有优良的缓蚀性能，酸溶性好，与丙炔醇、有机增效剂复配后得到的产品可以使 N80 钢在 90℃、20% 的盐酸中腐蚀速率降到 $0.96g/(m^2 \cdot h)$，低于酸化缓蚀剂规定的指标。王志强等采用缓蚀效果较好的两种水溶性有机缓蚀剂 CY03（聚醚类）和 CY05（咪唑啉类）1:1 复配，在缓蚀剂总浓度不变的条件下，复配缓蚀剂比单一缓蚀剂的缓蚀率提高 5 个百分点以上。

由于缓蚀剂的缓蚀机理在于成膜，故迅速在金属表面上形成一层密而实的膜是获得缓蚀成功之关键。为了迅速成膜，水中缓蚀剂的浓度应该足够高，等膜形成后，再降至只对膜的破损起修补作用的浓度。

（二）杀菌剂

细菌的生长受到环境因素的制约，所以可根据影响细菌生长的因素来选择杀菌方法：（1）阻碍菌体的呼吸作用；（2）抑制蛋白质的合成或破坏蛋白质的水膜，或中和蛋白质的电子，使蛋白质沉淀而失去活性；（3）破坏菌体内外环境平衡，使其失水干枯而死，或充水膨胀而亡；（4）妨碍核酸的合成，使丧失和改变其核酸的活性。

对油田回注水中细菌的防治主要分为物理法、化学法和生物法三种。物理法有改变细菌生存环境、紫外线、絮凝除菌、超声波杀灭、加防护层和阴极保护法、采用耐腐蚀材料等。化学法主要就是投加杀菌剂，投用杀菌剂是杀菌行之有效的方法。按杀菌机理可分为两大类：氧化型杀菌剂和非氧化型杀菌剂。氧化型杀菌剂主要有氯气、二氧化氯、次氯酸钠、溴氯二甲基海因等；常用的杀菌剂多为非氧化型，主要有季铵盐类、醛类、含硫化合物及其复配物、酮类等。生物法主要是生物竞争排斥技术 (BCX)。

1. 氧化型杀菌剂

氧化型杀菌剂主要包括氯气、二氧化氯、次氯酸钠、三氯异三聚氰酸、溴氯二甲基海因、溴素等。它们主要是通过与细胞体内的代谢酶发生氧化作用，将细胞完全分解为二氧化碳和水来杀死细菌。由于氧化型杀菌剂价格便宜、来源丰富、使用方便、杀菌作用快，在我国油田早期注水杀菌中常常被使用。

1) 氯气

氯气（Cl_2）起杀菌作用的成分为次氯酸，次氯酸为强氧化剂，与细胞内原生质（代谢酶）反应生成稳定的氮—氯键，达到杀菌目的。用氯杀菌，pH 值最佳条件为 6.5~7.5，当 pH 值大于 7.5 时次氯酸会加速电离，而次氯酸根的杀菌率只有次氯酸的二十分之一。

2）二氧化氯

ClO_2（二氧化氯）对细胞壁有强烈的吸附能力和穿透作用，进入细胞组织内部氧化含硫基的酶，破坏细菌的再生能力，分解蛋白质中的氨基酸及菌落的残骸，导致酞键断裂使细菌死亡。同时，利用 ClO_2 的强氧化性能，氧化 Fe^{2+}、FeS 和 H_2S 等，从而消除 FeS 引起的阻塞，破碎 FeS 和细菌黏泥与原油混合物形成的沉积物胶团，并且消除 H_2S 的诱导腐蚀。其效果优于过去油田水处理用的杀菌剂 C_6H_6O（戊二醛），虽然 C_6H_6O 有良好的杀菌性能，但缺少 ClO_2 的强氧化性。即使是 Cl_2 也只及 ClO_2 氧化能力的 38%，杀灭细菌的性能也远不及 ClO_2。将 ClO_2 用于油田采出水处理的研究，实验表明，可有效杀菌，分解硫化物和减少悬浮物等杂质，净化回注水水质。

3）溴氯二甲基海因

溴氯二甲基海因在水体中水解成次溴酸和次氯酸，次溴酸的活性远远高于次氯酸，次溴酸与细胞内蛋白质作用，从而破坏蛋白质结构，达到杀菌目的。溴类化合物比氯化合物杀菌速度快，腐蚀比氯化合物低 2~4 倍，这就是溴类杀菌剂优于氯系杀菌剂的原因。

但氧化型杀菌剂具有腐蚀性、氧化采出液中含有机物、药效持续时间短、现场实施 HSE 要求高等缺点，因此油田生产中通常将氧化型杀菌剂和非氧化型杀菌剂配合使用，以提高杀菌率，降低处理成本。

2. 非氧化型杀菌剂

目前，我国大多数油田回注水使用的杀菌剂多为非氧化型杀菌剂，在所有油田杀菌剂市场中氧化型杀菌剂占 17.5%，非氧化型杀菌剂占 72.5%，其他约占 10%。根据非氧化型杀菌剂的作用基团及作用机理，通常分为如下几类。

1）季铵盐类

季铵盐类杀菌剂是我国各大油田使用最多、应用最广的一类杀菌剂。常见的有十二烷基二甲基苄基氯化铵、十二烷基二甲基苄基溴化铵、十二烷基三甲基氯化铵等。其杀菌机理主要是阳离子通过静电作用和氢键力等作用，选择性吸附带负电的细菌体，损害控制细胞渗透性的原生质膜，使细菌致死。季铵盐类杀菌剂有易起泡沫、水质矿化度较高时杀菌效力降低、容易吸附损失、单独使用很容易使 SRB 产生抗药性等缺点。

2）季膦盐类

季膦盐类杀菌剂具有优良的杀菌性能和良好的黏泥剥离作用，除具有季铵盐的一些优点外，还具有不发泡、能与常用阻垢剂配合使用等优点，且具有比季铵盐杀菌剂更强的杀菌效能。国内已在实验室研制出的四羟甲基硫酸膦（THPS）能够有效地杀灭油田回注水中的细菌。

3）醛类

醛类杀菌剂的杀菌机理是通过抑制细菌细胞膜蛋白质合成的某一过程，使蛋白质的内部结构改变而凝固,致使细菌死亡,醛类杀菌剂大多有毒,且有较强刺激性气味,故现场使用有一定局限性,常用的是甲醛、戊二醛和丙烯醛,通常与其他药剂复配使用。

其他常见的非氧化型杀菌剂还有氯酚类、有机锡化合物、有机硫化合物、酮盐等。氯酚类杀菌剂国内生产的有以双氯酚为主的复合杀菌剂。该类杀菌剂由于不易被降解,且毒性高、易积累、易造成环境污染而逐渐被淘汰。有机硫化合物类杀菌剂中的二硫氰基甲烷是使用最广的含硫杀菌剂,它的氰酸根能阻碍微生物呼吸系统中电子的转移而使细胞死亡。二硫氰基甲烷单独使用效果并不理想,但与其他药剂复配可起协同作用。异噻咪唑啉酮是一种广谱型杀菌剂,它通过使蛋白质的键断裂而杀死细菌,在低浓度下能有效控制细菌、真菌和藻类的滋生。此外还可将不同药剂进行复配,提高杀菌效果,使其具有广谱高效杀菌、灭藻能力,且不易产生抗药性,而且其水溶液毒性很低,不会造成环境污染。杀菌性能、配伍性能明显优于1227。

3. 生物法

目前在石油开采生产中实施一种硝酸盐基微生物处理技术,它既能阻止油气藏、产出水、地面设施、管道及储气藏中硫化物的产生,又能消除其中的硫化物,同时提高原油采收率。油藏处理新技术通过导入一种无机硝酸盐基成分以强化油藏中存在的有益微生物来置换 SRB。这种新型的油藏生态学处理技术被称为生物竞争排斥技术。

从现场实施和成本考虑,决定在化学缓蚀和杀菌方面开展研究工作,以解决现场针对孤岛油田高含聚采出液常规缓蚀剂、杀菌剂效果差、成本高、水质稳定性差的难题。

(三)阻垢剂

油田水垢的种类很多,最常见的有 $CaCO_3$、$CaSO_4$、$CaSO_4 \cdot 2H_2O$、$BaSO_4$ 和 $SrSO_4$ 等。影响结垢的因素很多,主要有以下几个方面:(1)温度的影响。温度对结垢的影响主要是改变溶液中易结垢盐类的溶解度。(2)pH 值的影响。如果水质的 pH 值低,则水酸性强,水中溶解的 CO_2 是以 HCO_3^- 和 H_2CO_3 形式存在,它们可以抑制碳酸盐垢的形成,但 pH 值太低会加快对钢管的腐蚀。pH 值高,则会使碳酸盐结垢的趋势增强。(3)CO_2 分压影响。随着含水原油从地层中采出,压力降低,反应平衡向生成碳酸钙等沉淀的方向进行,从而造成钢管壁碳酸盐垢的形成。

除垢的方法通常有三种:(1)对水溶性或酸溶性水垢,可直接用淡水或酸液进行处理;(2)垢转化剂处理,将垢转变成可溶于酸的物质,然后再以酸处理;(3)用除垢剂直接将垢转化成水溶性物质再进行处理。

近年来发展的除垢剂主要有以下几种:(1)水溶性盐类;(2)葡萄糖酸盐(钠、钾)、氢氧化钠(钾)和碳酸钾(钠)的混合液;(3)酸和矾催化剂;(4)双硫醚(R—S—S—R,R:C_2—C_{11}),可与脂肪胺复配,用以清除硫化物;(5)双大环聚醚和有机酸盐;(6)羟甲基化单大环状聚胺。

在注水系统缓蚀阻垢研究方面,不论是采油、采气和注水开发,还是在提高采收率的各种作业中,只要有水存在,那么在采油过程中的各个生产部位都可能随时产生相应的无机盐结垢。有的油田将蜡、沥青、胶质的混合沉积物俗称为有机垢,将出砂及有机垢的混合物俗称为泥垢,还有细菌垢等。

已有研究结果表明,注水系统结垢主要包括三个因素:(1)水中杂质及腐蚀产物沉积。主要造成注水井底堵塞,影响正常注水。(2)碳酸盐析出。主要造成注水管网结垢,影响注水效率。(3)注入水和地层水不配伍。主要造成近井地带堵塞,使注水井压力升高。

目前,国内各大油田对管线结垢的重点在注水系统管网结垢以及加热炉管线结垢上。而针对注水掺水系统管网结垢方面,仅有个别油田进行了研究。其研究范围较小,针对性较高,对孤岛油田的借鉴意义较小。

由于采油污水中含有大量的 Ca^{2+}、Mg^{2+}、Cl^- 等离子,在回注过程中,系统的腐蚀与结垢问题十分严重。目前,对系统腐蚀结垢的控制方法有水的软化技术、磁防垢技术及投加缓蚀剂和阻垢剂等。最具发展前景的措施是选用合适的缓蚀剂、阻垢剂。

现在所用阻垢剂主要为有机磷酸盐,该类阻垢剂对不同水质的适应性和耐温性能较差,70℃以上基本失去阻垢性能。阻垢剂的发展以磷酸盐和聚合物发展最快,这两类产品具有用量少、热稳定性好等特点,同时通过对各种不同类型阻垢剂的复配,也可不同程度地提高阻垢剂的使用效果。

目前工业上所用的阻垢方法可以分成两大类,即物理方法和化学方法。前者包括静电场、磁场和超声波的利用、晶种技术、抗黏附材料、高分子涂层的应用、设备在线机械法防垢和设计及操作条件的优选等。化学方法有化学软化法、酸化法、碳化法以及投加阻垢剂。

化学阻垢是利用阻垢剂能与水中 Ca^{2+}、Mg^{2+} 等阳离子形成稳定的可溶性螯合物,从而提高冷却水中 Ca^{2+}、Mg^{2+} 的允许浓度,相对来说就增大了钙、镁盐的溶解度。同时,在 $CaCO_3$ 微晶成长过程中,若晶体吸附阻垢剂并掺杂在晶格的点阵中,就会使晶体发生畸变,或者使大晶体内部的应力增大,从而使晶体易于破裂,阻碍沉积垢的生长。目前油田水处理中常用的阻垢剂有无机聚磷酸盐、含磷有机缓蚀阻垢剂、聚羧酸型阻垢剂和天然有机高分子阻垢剂等。应用较多的阻垢剂是含磷有机缓蚀阻垢剂和聚羧酸型阻垢剂以及它们的复配型复合物,有机高分子阻垢剂是高效阻垢剂的发展趋势。

第二章 采出液油水分离技术研究

第一节 孤岛采出液处理工艺流程

孤岛油田开发初期,由于开发规模较小,油井采用单井罐车运输的方式。随着开采规模的逐步扩大,油井采出液综合含水率较低、原油黏度较高、管输压降快,加上单井管线较长,地面集输流程多采用"井口—计量间—接转站—联合站"三级布站模式。到20世纪80年代末90年代初,采出液含水率升高、原油产量增加,为满足生产需要,先后在孤二联、孤三联、孤四联等扩建了一次沉降罐、二次沉降罐、净化油罐。随着含水率升高,输送介质的黏度大大减小,为减少中间输送环节,节能降耗,减少天然气损耗,接转站逐步被取消。集输流程由三级布站变为二级布站模式,即"井口—计量间—联合站",减少了中间管理环节和能耗环节,形成了目前的集输流程模式。

孤岛采油厂现有联合站8座,采出液处理设计能力为7550×10^4t/a,实际处理液量为5950×10^4t/a。原油处理量设计能力为770×10^4t/a,实际处理原油560×10^4t/a,原油外输设计能力为790×10^4t/a,实际外输原油500×10^4t/a。现有污水站8座,设计处理能力为17.6×10^4m^3/d,实际处理量为15×10^4m^3/d(以上数据包括外部单位进液及重复处理液量)。

一、孤岛原油脱水工艺发展历程

孤岛油田原油油品性质属于环烷基重质稠油,油水密度差小,黏度大,油水处理难度较大,仅靠简单的重力沉降工艺不能使油水很好快速分离,所有联合站原油处理工艺采用三相分离器+重力沉降加电化学脱水工艺。

油田开发初期,油井含水率相对较低,进站原油先加热再进行沉降分离。随着油井含水率上升、液量增加,地面实行了密闭混输,进站原油不再加热,直接进行分离沉降。工艺流程如图2-1所示。

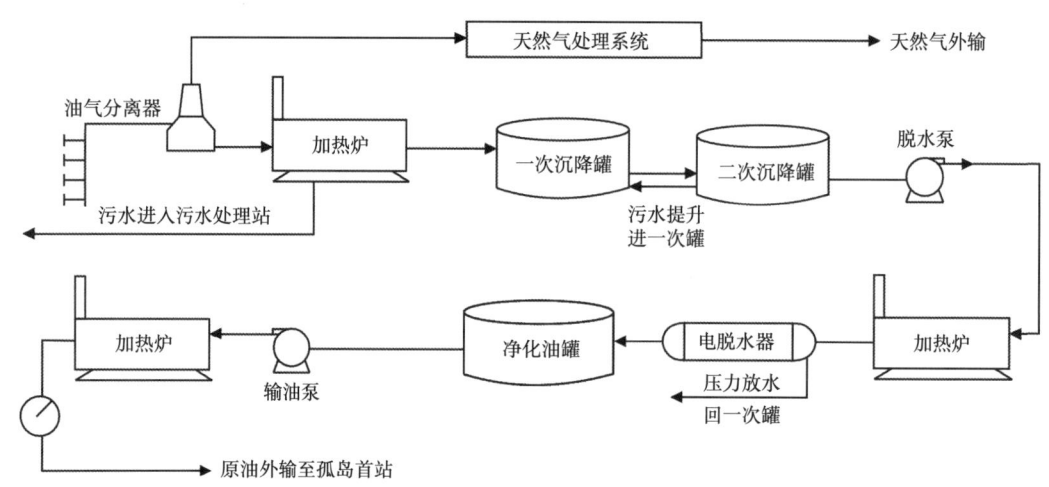

图2-1 孤岛油田联合站初期原油脱水处理工艺流程

随着综合含水率的升高，形成了乳状液，油水分离难度增加。20世纪70年代中期，开始投加破乳剂，较好解决了当时的油水破乳问题，大大改善了原油脱水效果。联合站进站液量增加，进站加热负荷大、能耗高，因此去掉了进站加热环节，降低原油处理成本。

随着注聚合物和热采稠油的开发，孤岛油田形成了典型的"重质油+热采稠油+高含聚合物"采出液，油水乳化程度加剧，水相黏度增加，携带悬浮物量增加，油水不易分离，脱水难度逐步增加。为提高油水分离效果，采用了"三相分离器+破乳剂+净水剂"替代"两相分离器+破乳剂"工艺，预先分离出大部分污水(约占总污水量的85%)进水处理站，减少后段原油处理负荷，并降低去污水站污水含油；对沉降罐进行密闭放水流程改造，将二次沉降罐底部污水直接打回一次沉降罐内，去掉污油污水提升池环节，有效避免了老化油的形成；在含聚稠油联合站实施燃料结构调整，利用"煤代油"项目集中供热，并根据油品性质和黏温曲线，在各联合站建立起经济运行和可靠性相结合的脱水温度，全厂脱水温度平均仅为70℃，实现稠油低温脱水，既满足脱水生产，又达到节能降耗；在电脱水器后增加三次沉降，延长原油沉降时间，保证外输油含水率平稳。目前工艺流程如图2-2所示。

2002年以后，逐步对联合站电脱水器进行了技术改造，扩大电极间距、减少电极层数，改良药剂配方，提高脱水温度，满足了原油脱水需求。

截至2005年，孤岛油田6座联合站日处理液量为13.5×10^4t，其中日处理原油1×10^4t，采出液进联合站综合含水率为92.6%，处理后原油含水率为1.1%，经计量后外输到孤岛首站。

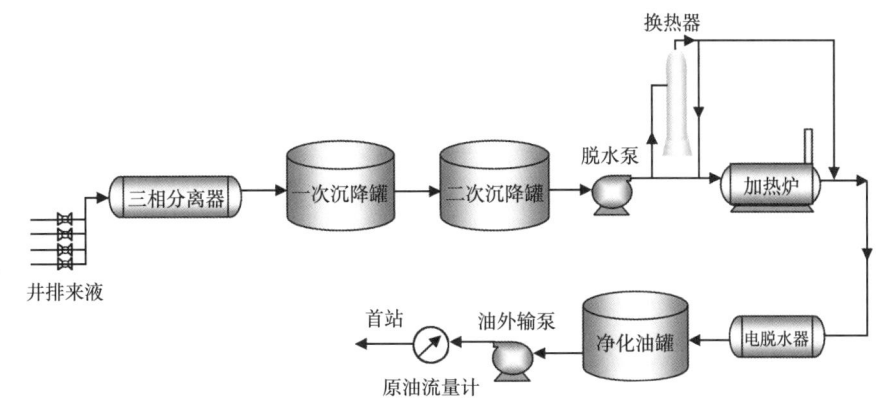

图 2-2 孤岛联合站脱水工艺流程

二、孤岛原油破乳剂发展及应用

1978年，随着油田综合含水率逐步上升，油水乳化形成油包水乳状液，油水分离难度加大，山东化学研究所刘文良等研制了M501型油溶性破乳剂，解决了油水破乳问题，随后在孤岛油田各联合站得到推广应用。1985年获得了山东省科技成果一等奖。

1985—1988年，随着联合站油水乳化状态的变化，指挥部工艺所相继研制了TA1031、API7041油溶性破乳剂和SP169、AE121水溶性破乳剂，并在联合站混配使用，保证了油水分离效果。1988年后，API7041、AE121破乳剂得到了广泛应用。

1991年，孤岛工艺所研制并应用了BZG-14高含水稠油破乳剂，降低了药剂用量和脱水成本。1994年后，随着聚合物驱和稠油热采的工业化应用，联合站油水性质发生很大变化，油水乳化状态更加复杂，根据各联合站实际情况，相继引进应用了XPI5085B、WD-1、DAA及SCL-1型等破乳剂，较好地满足了原油破乳需要。

20世纪80年代末，孤岛油田进入高效开发阶段，采出液综合含水率为70%~80%，原油密度为0.91~0.92g/cm³，原油黏度为300~400mPa·s，年产量为520×10^4~560×10^4t。为保证采出液油水分离效果，孤岛指挥部攻关队（现滨海工艺所）组织技术人员研发了API7041高效破乳剂。该破乳剂以四乙烯五胺为起始剂，在KOH催化下，先后与环氧丙烷、环氧乙烷进行接枝反应，产品相对分子质量为2400左右，羟值（以KOH计）小于40mg/mL。其优点是脱水速度快、脱水率高；缺点是污水水质差。

之后，为克服API7041的缺点，发挥其优势，攻关队技术人员在API7041的研究基础上，增加一段乙烷嵌段，使原亲油功能的破乳剂转向净水（亲水）功能，由于改进的结构分子链较长，亲油—亲水平衡值（HLB值）发生变化，导致脱水功能下降，但净水效果显著提升。

API7041与AE121破乳剂的复配使用，在中等含水稠油开发阶段起到了很好的油水分离效果，外输原油含水率为1.2%，污水含油量小于25mg/L。

进入20世纪90年代，孤岛油田进入高含水开发阶段，该阶段采出液量大（1.6×10^4~$1.7\times10^4 m^3/d$），综合含水率高（88%~90%），油品性质差（密度为0.92~0.93g/cm^3，原油黏度超过500mPa·s），破乳剂消耗量大，原油含水指标波动频繁。为此，孤岛采油厂与滨化集团合作，开发了BZG-14原油破乳剂。该破乳剂以丙三醇为起始剂，优化了EO/PO比例，提高了破乳剂相对分子质量（约3000）。该破乳剂的应用较大幅度地降低了破乳剂消耗量（降幅达25%），有效地改善了高含水期采出液处理效果。通过对油品的适应性试验，不断完善BZG-14的应用配方。最终在孤岛五个联合站获得推广应用，年节约药剂费用480余万元，外输油含水率平稳，污水合格。

根据孤五联采出液组成复杂的特点，结合孤五联特殊四段沉降工艺，在孤五联应用了AE121破乳剂，使破乳剂充分利用沉降时间长的优势，克服自身脱水速率慢的不足，发挥其净水功效，取得很好的应用效果。

进入20世纪90年代末，采出液综合含水率达到93%~95%，此时油溶性BZG-14破乳剂应用受到特高含水的制约。为此，孤岛采油厂与西安石油学院、西安石油化工厂合作，开发了以双酚A为起始剂的PI系列破乳剂（水溶），该破乳剂具有较好的亲油性能，在采出液中主要分布在油水界面，加快了破乳速度，降低了污水含油量。自1997年至2005年一直在孤岛油田应用。

第二节 采出液组分性质与分析方法

原油采出液是组成极为复杂的乳液体系，如果对采出液组成的系统分离和分析，以及采出液中各组分对油水分离剂作用效果的影响缺乏足够认识，必将造成油水分离剂的研发工作量大，针对性不强。因此，对采出液的组成进行系统分离及分析，明确采出液各组分与油水分离剂作用效果的关系，才能得到适应现场的油水分离剂。

一、原油组分分离方法

原油的组分分离方法主要包括吸附色谱法、离子交换色谱法、溶剂法等。其中吸附色谱法分离效果好，可将原油按极性大小分成四组分、六组分、八组分等。缺点是过程烦琐，耗时，回收率不高。离子交换色谱法可将原油按官能团分成酸性分、碱性分、两性分及中性分等，回收率高。溶剂法操作简单，回收率高，一次分样量大。

（一）常规组分分离方法

1. 吸附色谱分离方法

实验方法在中华人民共和国石油化工行业标准 SH/T 0509—2010《石油沥青四组分测定法》的基础上作了相应的改进，具体步骤如下。

实验流程如图2-3所示。

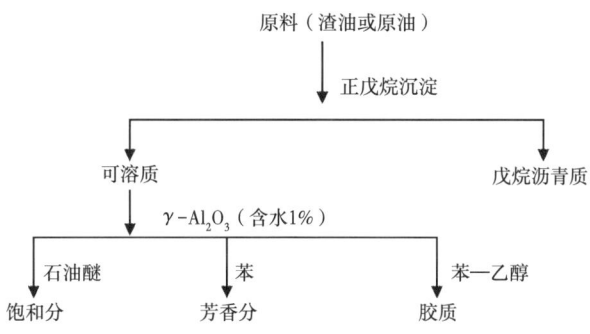

图2-3 原油四组分分离流程图

1）氧化铝活化

氧化铝在500℃条件下焙烧6h，取出在干燥器中冷却至室温。按氧化铝净重分别使用移液管加入1%（质量分数）、5%（质量分数）、5%（质量分数）的蒸馏水，盖紧塞子，剧烈摇动5min，放置24h后备用（分别用于四组分、六组分、八组分的分离），有效期一周。

由于四组分的标准分离方法是针对350℃以上的渣油制定的，用于原油四组分分离可能会产生以下问题：（1）低于350℃的轻组分（特别是烃类、芳香类组分）的存在，对冲洗溶剂的配比产生干扰；（2）低于350℃的轻组分的存在，对四组分的收率产生影响。考虑到较轻的极性组分在表面的吸附以及其对其他组分界面吸附的影响，尽可能采用原油全组分中的亚组分来讨论对采出液乳化和破乳的影响，但考虑到轻组分对组分分离过程的影响，采用200℃以上的组分作为实验原料。

2）原料油处理

将原料油经过常压蒸馏，切去200℃以下的馏分，得到实验原料。

3）沥青质分离

在2000mL单口烧瓶中，称取油样10~20g，按50mL/g的比例加入正戊烷，并将该瓶（1#）与冷凝器相连，用电热套加热回流1h，溶液冷却后，取下1#瓶用瓶塞盖紧，暗处静置沉降1h。在不产生摇晃的条件下，尽可能地将上部清液缓缓过滤到2#烧瓶（2000mL）中，并用正戊烷多次洗涤剩余物质，一并滤入2#瓶，直至变清。过滤完毕，折叠带沉淀滤纸，用镊子夹入索式抽提器底部，把2#瓶与抽提器、冷凝器连接，加热抽提至少1h，至抽提器内液体变清为止，稍冷取下2#瓶，回收正戊烷，并尽量浓缩正戊烷可溶分，留待进一步分离。1#瓶按60mL/g（甲苯/油样）加入甲苯，连接抽提器、冷凝器，加热至少1h，抽至液体无色，滤纸基本无色为止，冷却后取下1#瓶，回收甲苯并尽量浓缩所得沥青质，倒入细口瓶中用瓶塞盖紧保存。

4）可溶分分离

将氧化铝吸附色谱柱与超级恒温水浴连接，保持循环水温为（50±1）℃，从色谱柱上端加入300g已活化的氧化铝，用吸耳球的球部轻敲柱子，使氧化铝紧密均匀，立即加入60~90℃石油醚预湿，完全润湿后，立即按每根柱子小于5g原油的比例加入2#瓶中可溶分的浓缩液（或石油醚稀释液），并用石油醚冲洗容器，一并倒入色谱柱，待油样全部进入氧化铝顶层时，立刻加入少许备用的氧化铝覆盖，然后再用石油醚润湿。将色谱柱与冷凝器和已加入50~100mL石油醚的500mL烧瓶连接，用甘油浴加热回流，待氧化铝顶层产生2~3cm液面时开始计时。实验过程中流速维持在2~3mL/min之间，可通过控制甘油浴的温度来调节，注意不要让顶层液面间断。每次更换冲洗剂时同时更换接收瓶，每次冲完柱子后回收溶剂和浓缩油样，所得浓缩样放入细口瓶中保存。

2. 溶剂萃取分离方法

为简化分离过程，提高分离效率，采用溶剂萃取法把原油分为三大类：胶质、沥青质、油分（饱和烃和芳香烃）。

1）分离步骤

分离分三步进行。第一步，称取处理后的原油（处理方法同色谱分离方法）9g左右于500mL的圆底烧瓶中，量取360mL的正戊烷加入烧瓶中，用磁力搅拌器充分搅拌1h，然后静置24h，用抽滤装置将混合物进行抽滤分离，用正戊烷淋洗滤渣至淋洗液接近无色，烘干后在滤纸上得到黑色的沥青质。第二步，将滤液用旋转蒸发仪除去溶剂，在产物中加入80mL的丙酮，用磁力搅拌器充分搅拌1h，然后静置24h，用抽滤装置将混合物进行抽滤，绝大部分胶质由于其黏稠性而留在烧瓶中；再用30mL丙酮分两次浸洗胶质，最后烘干得到胶质。第三步，将滤液用旋转蒸发仪去掉丙酮后即得到饱和分和芳香分的混合物，称之为油分。油分还可以用二甲基甲酰胺进一步分离。

2）溶剂萃取法的优点

采用溶剂分离方法有三大优点：一是保证沥青质及胶质的分离；二是溶剂能够回收；三是分离量大，分离时间短，分离效率高。

3. 原油的组分含量

孤岛采油厂孤二联和孤五联的原油四组分含量见表2-1。

表2-1　孤二联和孤五联的原油常规四组分含量　　　　　　单位：%，质量分数

原料	饱和分	芳香分	胶质	沥青质
孤二联原油	27.56	32.94	30.42	9.08（正戊烷）
孤五联原油	24.24	30.48	29.95	13.33（正戊烷）

注：胶质含量为用差减法计算得到。

采用溶剂萃取法分离得到的胜利油田分公司孤岛采油厂孤二联和孤五联原油的三组分含量见表2-2。

表2-2 孤二联和孤五联的原油溶剂萃取法三组分含量（采样时间：2015年5月16日）

单位：%，质量分数

原料	饱和分和芳香分	胶质	沥青质
孤二联原油	60.70	30.53	8.77（正戊烷）
孤五联原油	56.33	30.11	13.56（正戊烷）

注：胶质含量为用差减法计算得到。

由表2-1数据可见，芳香分、胶质含量接近，各占原油总量的三分之一左右，饱和分含量较低，胶质、沥青质含量接近3:1。沥青质、胶质含量较高有利于原油采出液形成乳状液。孤二联注聚采出油中胶质、沥青质含量略少于孤五联采出油中胶质、沥青质的含量，但现场实际采出液中原油含水和水中含油情况却差别较大，表明造成这种差别的主要原因不是采出油各组分作用结果的简单加和，而是不同组分之间以及与采出液中聚合物之间存在综合、协同作用的结果。

由表2-1和表2-2的数据对比可知，用常规四组分分离法和用溶剂萃取分离法得到的沥青质的含量非常接近，但用溶剂萃取分离法得到的胶质含量略高于用常规四组分分离法得到的胶质含量，但仍在误差范围内。说明这两种分离方法的可靠性、数据的一致性和通用性。

由表2-2和表2-3对比可知，随采样时间的变化，孤二联、孤五联采出油的组成也发生了变化，对于沥青质含量而言，孤二联原油的升高，而孤五联原油的则降低。采出油组成随时间的变化也给研究分析带来一定的难度。

表2-3 孤二联和孤五联的原油溶剂萃取法三组分含量（采样时间：2015年7月21日）

单位：%，质量分数

原料	饱和分和芳香分	胶质	沥青质
孤二联采出油	61.78	28.53	9.69（正戊烷）
孤五联采出油	56.08	31.01	12.91（正戊烷）

注：再次取样测试，胶质含量为用差减法计算得到。

（二）原油按化学官能团分离方法

1. 分离方法

具体步骤如下：

1）阴、阳离子交换树脂的处理

首先将阴、阳离子交换树脂磨成100~200目的粉末，然后根据有关文献进行处理。

2）原油分离步骤

每次处理16g左右原油（用环己烷溶解），每次需用两个阴离子树脂柱、一个阳离子树脂柱。色谱柱尺寸：内径2.5mm，外径3.5mm，高500mm，柱子夹层用37℃循环水保温。具体步骤包括：（1）用250mL阴、阳离子树脂分别装填两个阴离子树脂柱、一个阳离子树脂柱，用环己烷溶解原油；（2）油样进入阳离子树脂柱，用700~800mL环己烷冲洗，碱性分和两性分吸附到柱子上，而酸性分和中性分被冲洗出；（3）冲洗出的酸性分和中性分进入阴离子树脂柱，酸性分吸附，而中性分被洗出得到中性分，吸附的酸性分用甲苯、甲醇、甲酸（98%）（体积比4.5∶4.5∶1.0）的混合溶剂脱附24h得到酸性分；（4）用正丙胺将阳离子树脂柱上吸附的碱性分和两性分脱附24h得到二者混合物，回收正丙胺后，用环己烷溶解后进入阴离子树脂柱，用700~800mL环己烷冲洗，两性分吸附，碱性分被洗出而得到碱性分，然后用甲苯、甲醇、甲酸（98%）（体积比4.5∶4.5∶1.0）的混合溶剂脱附24h得到两性分。

2. 分离结果

孤岛采油厂孤二联和孤五联的原油按化学官能团法分离所得的四组分含量见表2-4和表2-5。

表2-4　按化学官能团法分离孤二联原油所得四组分含量

分离组分	中性分	酸性分	碱性分	两性分
所得质量（g）	12.4927	0.8666	2.1451	0.3346
收率（%）	78.88	5.47	13.54	2.11

表2-5　按化学官能团法分离孤五联原油所得四组分含量

分离组分	中性分	酸性分	碱性分	两性分
所得质量（g）	11.5027	0.8156	1.9151	0.3266
收率（%）	79.00	5.61	13.15	2.24

从表2-4和表2-5可以看出，无论是孤二联原油，还是孤五联原油，酸碱四组分的含量顺序为：中性分＞碱性分＞酸性分＞两性分，而且中性分和碱性分的含量远大于酸性分和两性分的含量。

二、污水组成分析方法

为了深入了解污水的组成对污水中油含量的影响，对孤岛油田典型采出液处理站孤二联及孤五联的污水组成进行了系统的分析。

（一）污水水质分析

孤二联和孤五联污水水质分析主要开展了pH值、含油量、HPAM含量、悬浮物含量及矿化度测定。

1. 孤二联及孤五联污水含油量的测定

污水中含油量的测定数据见表2-6。

表2-6 污水中含油量数据

水样	含油量（mg/L）	静置10d后含油量（mg/L）	静置10d除油率（%）
孤二联污水	2263.2	1398.9	38.2
孤五联污水	1182.6	128.6	89.1

从表2-6中的数据可以看出，孤二联污水中含油量高，而且污水中原油存在状态稳定，静置10d后，含油量仍为1398.9 mg/L，静置10d除油率为38.2%；而孤五联污水中含油量仅为孤二联的一半，且水中油稳定性较差，静置10d后水中含油量仅为128.6 mg/L，静置10d除油率达到89.1%。

2. 孤二联及孤五联污水矿化度的测定

孤二联及孤五联污水静置除油后的无机离子含量及矿化度数据见表2-7。

由表2-7可知，孤二联、孤五联污水的矿化度较高，阳离子主要为Na^+，阴离子主要为Cl^-和HCO_3^-。在较高矿化度的污水中油能够稳定存在，说明油稳定的原因主要不是靠静电作用，而是乳化活性组分形成高强度界面膜的稳定作用以及聚合物的空间稳定作用。聚合物的存在也大大增加了破乳难度。

表2-7 孤二联及孤五联污水水质数据

测试项目	测试数据	
	孤二联污水	孤五联污水
pH 值	7.85	7.44
K^+ 含量 (mg/L)	23.0	22.0
Na^+ 含量 (mg/L)	2344	3268
Ca^{2+} 含量 (mg/L)	71.0	76.6
Mg^{2+} 含量 (mg/L)	28.2	27.4
HCO_3^- 含量 (mg/L)	1027	670.0
Cl^- 含量 (mg/L)	3598	5037
CO_3^{2-} 含量 (mg/L)	0	0
TDS 含量 (mg/L)	7139	9101

3. HPAM含量的测定

采用淀粉—碘化镉光度法测定污水中HPAM的含量，结果见表2-8。

表2-8 孤二联、孤五联水样中HPAM的含量

水样	HPAM含量（mg/L）
孤二联污水	255
孤五联污水	160

从表2-8可以看出，孤二联污水中HPAM含量较高，约为孤五联污水的两倍，这是造成孤二联污水含油量高、稳定性强的重要原因。

4. 悬浮物含量的测定

实验采用微孔滤膜法，实测孤二联污水中悬浮物含量为336mg/L，用氯仿萃取脱除总有机物后，水样的悬浮物含量降为57.5mg/L；孤五联污水中悬浮物含量为120mg/L，用氯仿萃取脱除总有机物后，水样的悬浮物含量为21.3mg/L。说明有一些强极性有机物与固体颗粒之间存在较强的相互作用，或强极性大分子物质以缔合状态存在，形成大的胶粒，无法透过滤膜。

从以上分析可知，孤二联和孤五联的污水组成存在较大差别。孤五联污水的矿化度比孤二联高，而水中含油量低；更重要的一点是孤二联污水中HPAM含量较孤五联污水中的高，这是造成孤二联污水含油量高的一个重要原因。

（二）污水中有机物采集及组分分离方法

1. 污水中有机物的采集方法

在实验测定污水中含油量的过程中发现，污水经石油醚多次萃取后，水层仍为浅褐色，证明污水中除含有石油醚可溶物外，还含有极性较大的有机物。目前，国内外对含聚污水中有机物的分离分析未见报道。因此，为了系统研究含聚污水中原油的存在状态及污水含油量高的原因，研究设计了两种含聚污水中有机物的采集方法。

1）采用溶剂梯度抽提得到弱极性组分（Ⅰ）和强极性组分（Ⅱ）

实验方法：取一定量新采集的孤二联聚合物驱采油污水，用石油醚抽提至上层萃取液无色；再将水层酸化至pH=2后用氯仿抽提至下层萃取液无色。将所得萃取液水洗、干燥后蒸馏、真空干燥（50℃），分别得到弱极性组分（Ⅰ）和强极性组分（Ⅱ）。具体流程如图2-4所示。

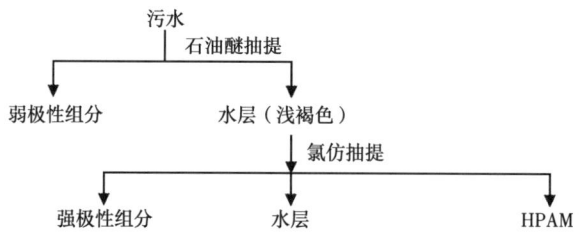

图2-4 污水的溶剂梯度抽提流程

2）采用氯仿抽提得到含聚污水中总有机物

实验方法：取一定量新采集的孤二联聚合物驱采油污水，用氯仿抽提至下层萃取液无色。将所得萃取液水洗、干燥后蒸馏、真空干燥（50℃），得到污水中总有机物。具体流程如图2-5所示。

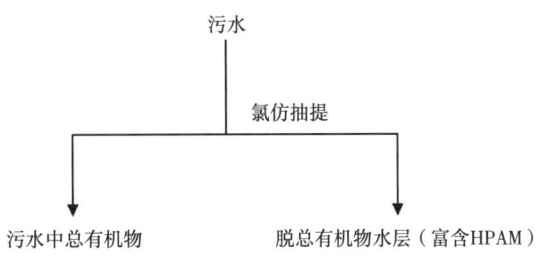

图 2-5 污水中总有机物的采集流程

2. 污水中总有机物及强、弱极性有机物的组分分离方法

由于污水中总有机物及强极性组分（Ⅱ）和弱极性组分（Ⅰ）是一个组成复杂的混合物，为了深入研究这些混合物中哪些结构组分的乳化能力更强，哪些组分对污水中含油量影响较大，以及哪些组分对水处理剂的作用效果有较大影响，对污水中总有机物及强极性组分（Ⅱ）和弱极性组分（Ⅰ）进行了进一步分离。

1）污水中总有机物的组分分离

为了研究污水中极性有机物含量与原油中极性有机物含量的差别，用石油醚沉淀法将污水中总有机物分成石油醚可溶物和石油醚不溶物两个组分。

实验方法：向污水中总有机物中加入石油醚（1g 样品 /35mL 石油醚），搅拌半小时后，密封沉降 24h，过滤，用石油醚冲洗至冲洗液无色，分别得到石油醚可溶物和石油醚不溶物。操作流程见图 2-6。

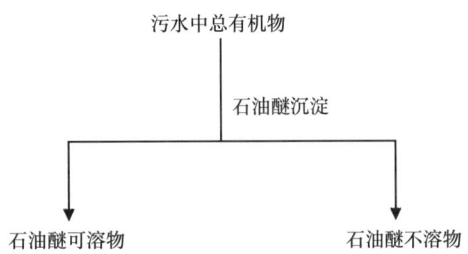

图 2-6 污水中总有机物的组分分离流程

2）污水中弱极性组分和强极性组分的亚组分分离

为了系统研究含聚污水中有机物的组成、结构及存在状态，用溶剂抽提和溶剂沉淀的方法将污水中弱极性有机物和强极性有机物分成六个亚组分，缩小污水中有机物的组成范围，便于找出影响污水稳定性的主要乳化活性亚组分，更有针对性地研发污水处理剂。

弱极性组分的亚组分分离：将弱极性组分用少量的石油醚溶解，均匀地涂抹于滤纸上，等石油醚挥发后装入索式抽提器中进行提取。先用甲醇—异丙醇（体积比 5:1）进行抽提至抽提液为无色，所得提取液为黄色。再用二氯甲烷进行抽提至抽提液无色，所得提取液为黑褐色。将两种提取液蒸馏、真空干燥分别得到亚组分Ⅰ-1 和亚组分Ⅰ-2。

强极性组分的亚组分分离：向强极性组分中加入石油醚（1g样品/35mL石油醚），搅拌半小时后，密封沉降24h，过滤，用石油醚冲洗至冲洗液无色，分别得到石油醚可溶物和石油醚不溶物。石油醚可溶物的亚组分分离方法见弱极性组分的分离方法，分离得到亚组分Ⅱ-1和亚组分Ⅱ-2。石油醚不溶物的分离：将石油醚不溶物用二氯甲烷溶解（样品与二氯甲烷的质量比为1∶10），溶解完全后，向其中加入石油醚（二氯甲烷与石油醚的体积比为1∶4），搅拌半小时后，密封沉降24h，过滤，用少量混合溶剂冲洗至冲洗液无色，蒸馏除去溶剂，分别得到可溶物和不溶物，即亚组分Ⅱ-3和亚组分Ⅱ-4。

污水中油及极性有机物的亚组分分离流程见图2-7和图2-8。

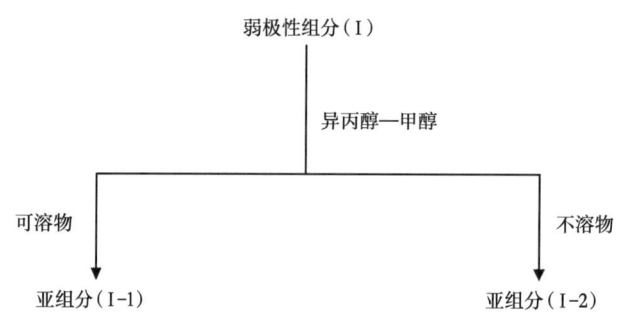

图2-7 孤二联污水中弱极性组分的亚组分分离流程

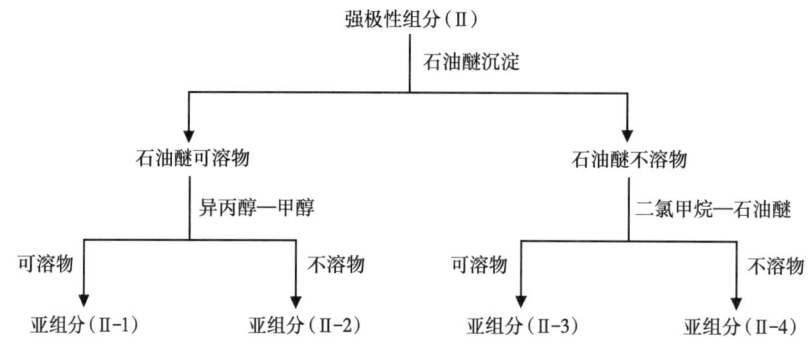

图2-8 孤二联污水中强极性组分的亚组分分离流程

3. 污水中有机物采集及组分分离结果

1）污水中有机物的采集结果

污水中有机物按图2-4和图2-5的方法进行采集的实验结果见表2-9和表2-10。

表2-9 污水溶剂梯度抽提结果　　　　　　　　　　　　单位：mg/L

水样	石油醚抽提物含量	氯仿抽提物含量	采集HPAM含量
孤二联污水	1509	1766	257.1
孤五联污水	1531	391.5	111.0

表 2-10 污水中总有机物的含量　　　　　　　　　　　　　　　　　　单位：mg/L

水样	总有机物含量
孤二联污水	3320
孤五联污水	1990

从表2-10中的数据可以看出，孤二联污水中总有机物的含量远高于孤五联污水。表2-9溶剂梯度抽提的结果显示：孤二联污水中氯仿抽提组分所占的比例远远高于孤五联污水（孤二联污水放置3个月后，用石油醚连续抽提所得组分含量为300mg/L，再用氯仿连续抽提所得组分含量为900mg/L，因此，污水中稳定存在的是氯仿可溶物），这是孤二联污水含油量高且比较稳定的重要原因。从孤二联污水中采集的 HPAM 含量（质量法）基本与淀粉—碘化镉光度法所测污水中 HPAM 含量相当，而从孤五联污水中采集的 HPAM 含量明显小于光度法的测试数据。另外，从孤二联污水中采集的 HPAM 为棕褐色有光泽且坚硬的固体，从孤五联污水中采集的 HPAM 为棕褐色无光泽且较松脆的固体。

2）污水中有机物的组分分离结果

为了对比污水中总有机物与原油在组成上的差别，将孤二联、孤五联原油也按图2-6的方法分成石油醚可溶物和石油醚不溶物，结果见表2-11。

表 2-11 原油与污水中氯仿总萃取物的组分含量对比　　　　　　　　　　　　　单位：%

样品	石油醚可溶物	石油醚不溶物	氯仿不溶物
孤二联原油	89.5	10.5	0.41
孤二联污水中的总有机物	87.6	12.4	无
孤五联原油	88.8	11.2	0.14
孤五联污水中的总有机物	83.8	16.2	无

以上分离结果说明孤五联污水中极性较大的重质组分含量较高，但溶剂梯度抽提时，孤五联污水中的氯仿抽提物含量比孤二联的低。污水中总有机物石油醚不溶组分的含量远高于相应原油中石油醚不溶组分的含量，而石油醚不溶组分一般为极性较大、杂元素含量较高、相对分子质量大的组分，该组分属于乳化活性组分，在采油过程中这些组分易进入水相，形成稳定的乳状液，造成油水分离困难。

由于孤二联污水中强极性有机物和弱极性有机物的含量都较高，为了系统研究孤二联污水中有机物的存在状态，将孤二联污水中有机物按图2-7及图2-8的流程进行了系统的亚组分分离，各亚组分在污水中的含量结果见表2-12。

表 2-12 孤二联污水中有机物的亚组分在污水中的含量（有机物含量为 3275mg/L）

亚组分	Ⅰ-1	Ⅰ-2	Ⅱ-1	Ⅱ-2	Ⅱ-3	Ⅱ-4
在污水中含量 (mg/L)	589	920	577	888	228	73.3
样品色态	液体 墨绿荧光	黏稠液体 浅褐色	液体 墨绿荧光	黏稠液体 深褐色	固体 黑色光泽	固体 黑色光泽

从表2-12可以看出，亚组分在污水中的含量差别较大，其中亚组分Ⅰ-2和亚组分Ⅱ-2在污水中含量较高，亚组分Ⅰ-1和亚组分Ⅱ-1属于中等含量组分，而亚组分Ⅱ-3和亚组分Ⅱ-4含量较低。亚组分的色态也存在较大差别。

三、原油组分及污水中有机物的结构表征

目前关于原油中各组分对原油乳化和破乳影响的研究很多，但关于组分之间协同效应对乳液稳定和破乳的影响，以及采出液中各种采油用化学品对乳液稳定和破乳影响的研究报道较少。从现场的实际情况和破乳经验看，原油组成及组分的性质对原油乳液的形成及破坏存在极大的影响，并且从某些油田的采出液中油相、水相的乳化情况分析可知，在某些条件下，原油中组分的协同效应对原油的破乳脱水起着更为关键的作用。因此对采出液中各组分进行了分析表征，包括采出液中原油组分的界面性质研究、各组分对原油乳状液稳定性的影响、各组分对破乳剂破乳效果的影响等，建立原油组成与破乳剂作用效果的关系图版，为研发高效油水分离剂提供有效理论指导。

（一）原油组分的结构表征

1. 原油四组分元素分析

原油四组分元素分析在MT-3型元素分析仪（日本岛津）上进行。孤岛采油厂孤二联和孤五联原油的常规四组分元素分析结果见表2-13和表2-14。

表2-13　孤二联原油组分的元素分析数据表（常规四组分）

组分	N（%）	C（%）	H（%）	S（%）	O（%）	H/C
饱和分	—	83.02	12.47	0.52	3.99	1.80
芳香分	0.37	84.30	10.53	2.30	2.51	1.50
胶质	1.31	81.92	9.97	1.83	4.97	1.46
沥青质	1.40	81.61	8.65	3.01	5.33	1.27

表2-14　孤五联原油组分的元素分析数据表（常规四组分）

组分	N（%）	C（%）	H（%）	S（%）	O（%）	H/C
饱和分	—	83.52	12.53	0.55	3.40	1.79
芳香分	0.39	84.41	10.29	2.27	2.64	1.45
胶质	1.29	81.90	9.93	1.81	5.07	1.44
沥青质	1.33	81.80	8.62	3.04	5.21	1.26

由表2-13和表2-14可知，两种原油各组分的H/C原子比均按饱和分、芳香分、胶质、沥青质的顺序依次降低，说明不饱和度依次增加；两种原油各组分的杂原子含量均按饱和分、芳香分、胶质、沥青质的顺序依次增加，表明沥青质、胶质中均含有较高的杂原子含量；从氮分布来看，极性四组分从饱和分到沥青质氮含量依次升高。这些结果均表明原油

中的活性组分主要存在于胶质和沥青质中。

孤岛采油厂孤二联和孤五联的原油按化学官能团法分离所得的酸碱四组分元素分析结果见表2-15和表2-16。

表2-15 孤二联原油酸碱四组分的元素含量

组分	N（%）	C（%）	H（%）	S（%）	O（%）	H/C
酸性分	0.69	78.66	10.39	2.21	8.05	1.59
碱性分	1.87	81.29	9.37	3.71	3.76	1.38
中性分	0.43	84.57	11.27	2.41	1.32	1.60
两性分	2.35	77.03	8.21	2.56	9.85	1.28

表2-16 孤五联原油酸碱四组分的元素含量

组分	N（%）	C（%）	H（%）	S（%）	O（%）	H/C
酸性分	0.71	79.06	10.01	2.16	8.06	1.52
碱性分	1.88	82.20	9.16	3.65	3.11	1.34
中性分	0.43	84.46	11.26	2.60	1.25	1.60
两性分	2.44	76.05	8.18	2.69	10.64	1.29

由表2-15和表2-16可知，两性分杂原子含量最高，S、O、N三元素含量之和达14%以上，其次分别为酸性分、碱性分和中性分。从氮分布看，两性分和碱性分中均有较高的氮含量，且两性分最高，说明两性分和碱性分中含有大量的氮化物；从氧分布看，两性分和酸性分中聚集了大量的含氧化合物，且孤五联原油两性分中的含氧化合物高于孤二联原油。

2. 原油各组分的相对分子质量

原油各组分的相对分子质量测定采用VPO法，实验结果见表2-17和表2-18。

表2-17 孤五联原油各组分在不同溶剂中的相对分子质量（常规四组分）

组分	饱和分		芳香分		胶质		沥青质	
溶剂	甲苯	混合溶剂	甲苯	混合溶剂	甲苯	混合溶剂	甲苯	混合溶剂
相对分子质量	304	304	486	407	897	944	2043	1741

注：混合溶剂由甲苯和正庚烷按体积比1:1组成。

表2-18 孤五联原油各组分在不同溶剂中的相对分子质量（酸碱四组分）

组分	酸性分		碱性分		两性分		中性分	
溶剂	甲苯	混合溶剂	甲苯	混合溶剂	甲苯	混合溶剂	甲苯	混合溶剂
相对分子质量	708	628	1140	823	698	793	503	489

注：混合溶剂由甲苯和正庚烷按体积比1:1组成。

由表2-17可知，常规四组分中，沥青质的相对分子质量最大，相对分子质量为2000~2100。四组分相对分子质量大小顺序依次为：沥青质＞胶质＞芳香分＞饱和分。对同一组分，用不同溶剂测得的相对分子质量通常有较大差别，这主要是由于该溶剂对不同组分的溶解性不同（组分在不同溶剂中的缔合程度不同）所致。

由表2-18可知，按官能团分离的四组分中，碱性分相对分子质量最大，其他依次为两性分、酸性分、中性分。对同一组分，用不同溶剂测得的相对分子质量通常有较大差别，这主要是由于该溶剂对不同组分的溶解性不同（组分在不同溶剂中的缔合程度不同）所致。

3. 原油及其四组分红外谱图

孤五联原油及其四组分元素分析在V33型红外光谱仪（德国布鲁克）上进行。结果见图2-9至图2-13。

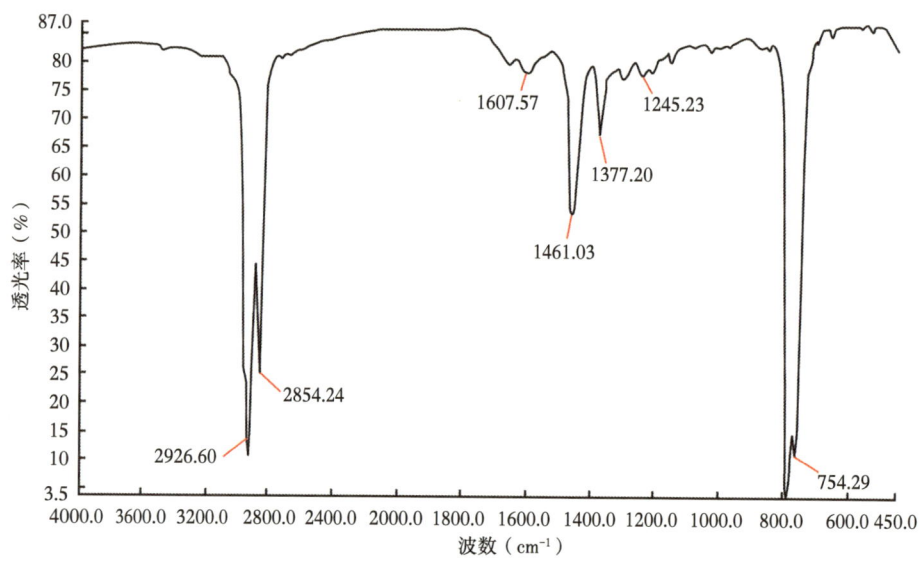

图2-9 孤五联原油的IR谱图

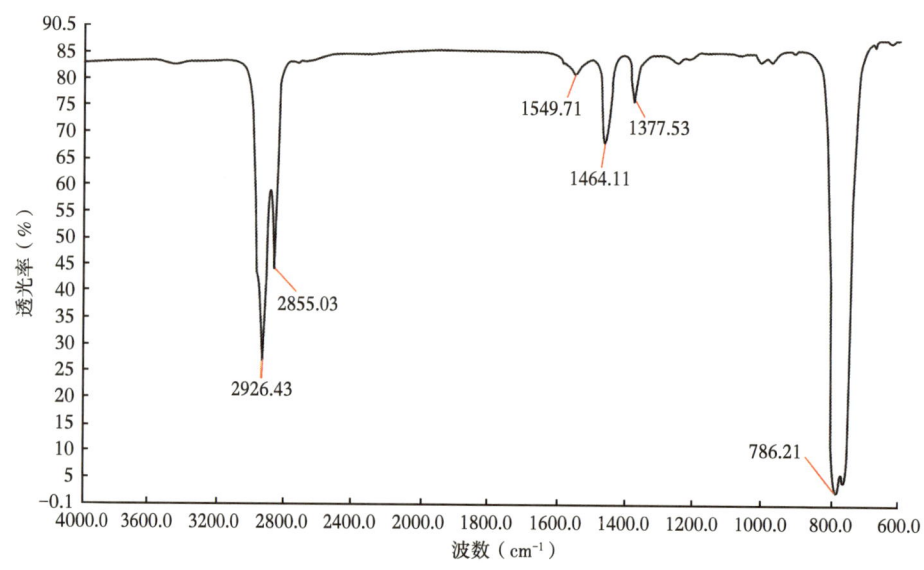

图2-10 孤五联原油饱和分的IR谱图

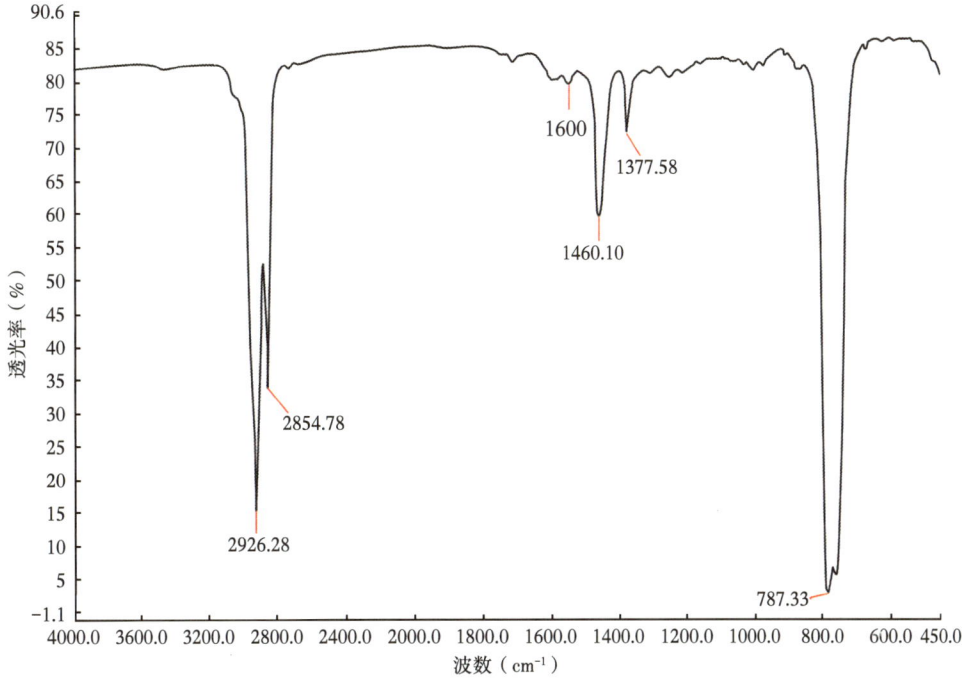

图 2-11　孤五联原油芳香分的 IR 谱图

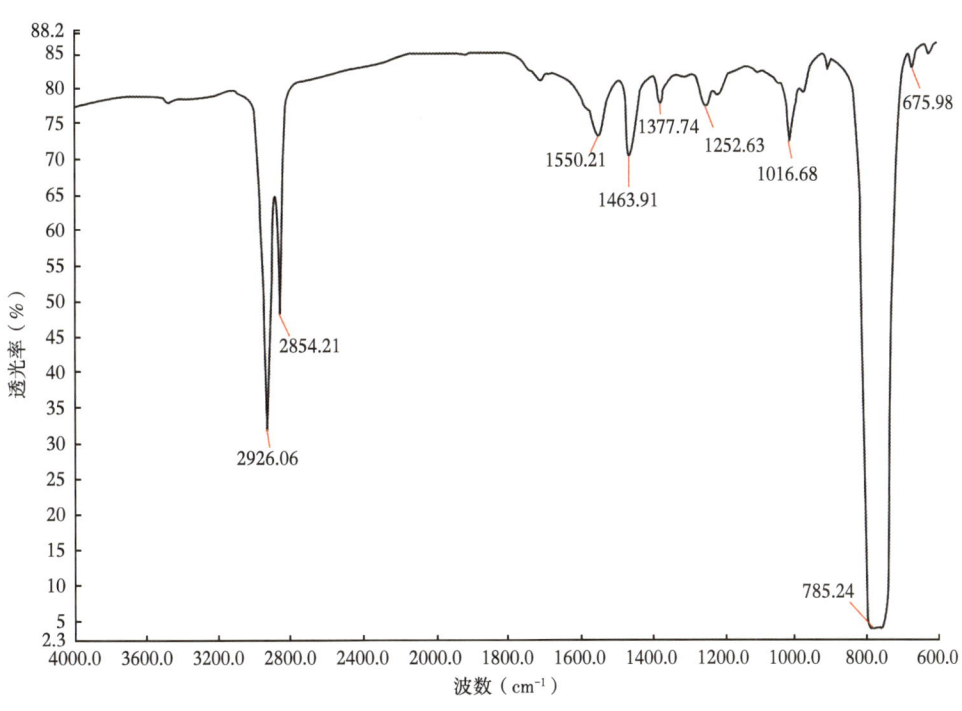

图 2-12　孤五联原油胶质的 IR 谱图

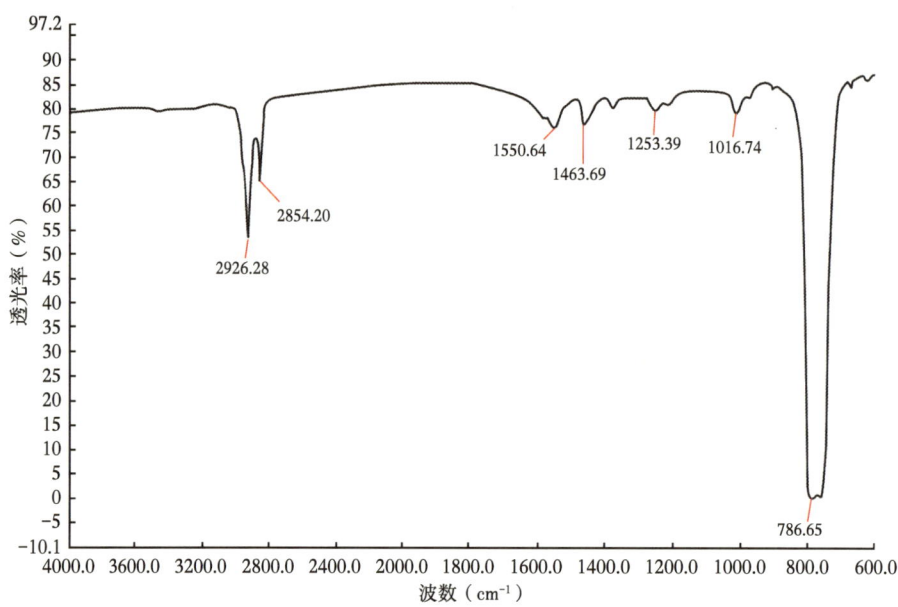

图 2-13 孤五联原油沥青质的 IR 谱图

由图 2-9 至图 2-13 可见，常规四组分的饱和分中无明显的芳香环和杂原子官能团吸收峰，而以—CH_2—链的吸收（2929cm^{-1}、2855cm^{-1}）为主；芳香分中有明显的芳香烃吸收峰（1600cm^{-1}）；胶质、沥青质在1400~1000 cm^{-1}波数范围内出现许多吸收峰，表明其结构复杂，并且明显出现了杂原子吸收峰，表明胶质、沥青质中含有大量的含氧、含氮化合物。

图 2-14 至图 2-17 为孤五联采出油按官能团分离的四组分的 IR 谱图。

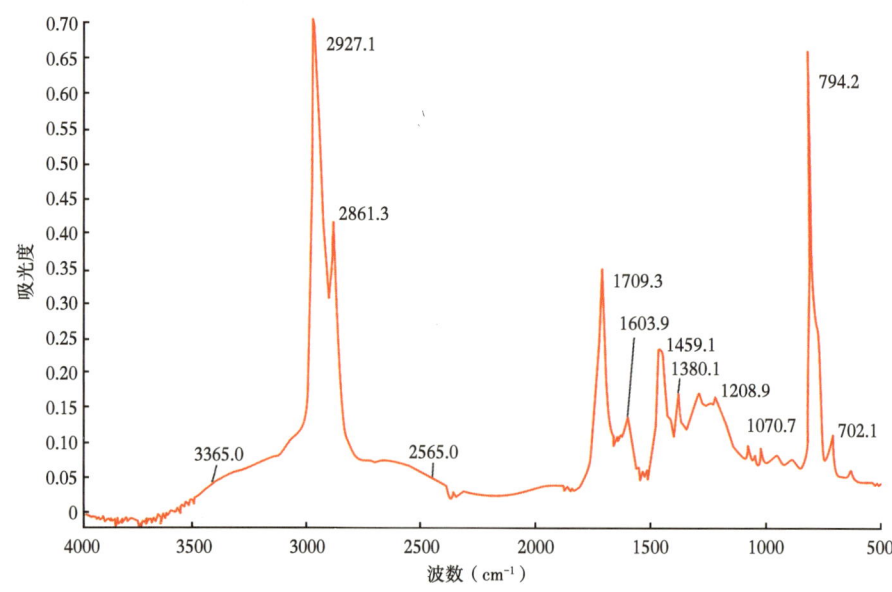

图 2-14 孤五联原油酸性分 IR 谱图

由图2-14可知，酸性分组成较为复杂。在3300cm^{-1}附近较宽的峰应为O—H和N—H峰；1714.9cm^{-1}是C=O伸缩振动吸收峰，1608.6cm^{-1}为苯环C=C特征峰；1300cm^{-1}与1400cm^{-1}附近的峰由O—H与C—O耦合产生；1200cm^{-1}和1300cm^{-1}为酚的特征峰；1000~1100cm^{-1}之间是吡咯环上C—N伸缩振动吸收峰。以上特征吸收峰表明酸性分含羧基、芳香环、吡咯环官能团等。

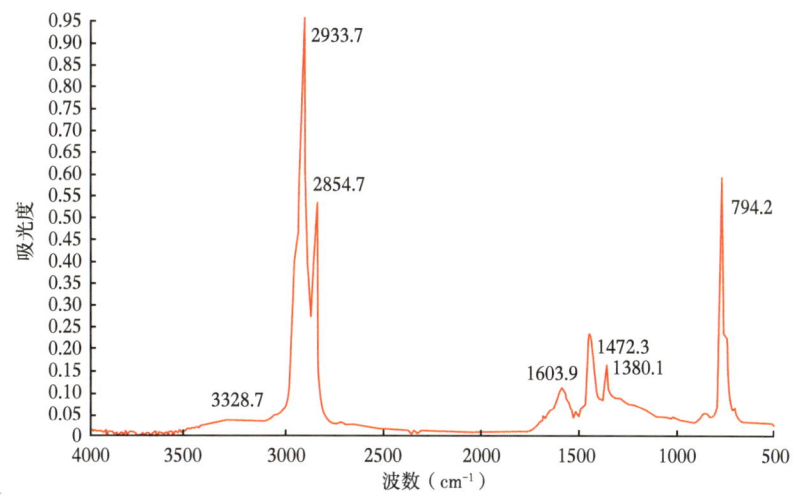

图2-15 孤五联原油碱性分IR谱图

由图2-15可知，碱性分IR谱图较为简单。1595.3 cm^{-1}处的吸收峰为苯环上的C=C峰；在3300 cm^{-1}处宽吸收带为X—H（X=O、N）吸收峰，无C=O存在，只能是N—H吸收带。以上特征吸收峰表明碱性分中有含N碱性基团。

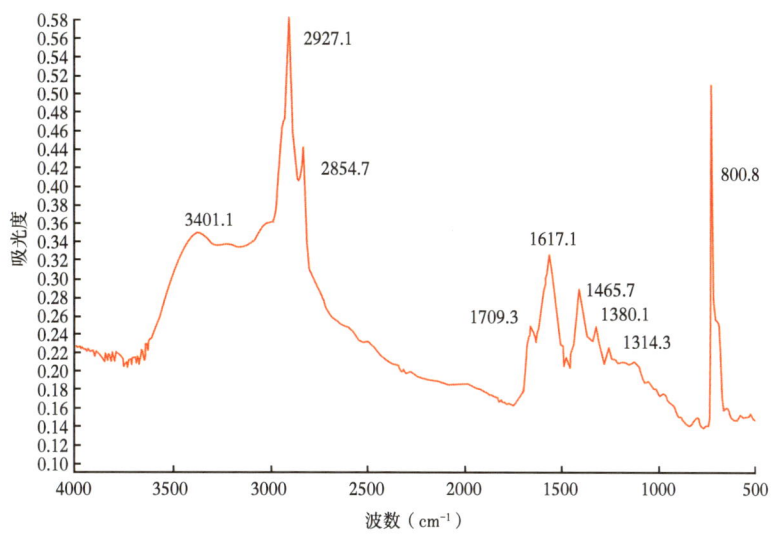

图2-16 孤五联原油两性分IR谱图

由图2-16可知,两性分IR谱图较为复杂。1714.9 cm^{-1}处的吸收峰为C=O伸缩振动吸收峰;1615.2 cm^{-1}为苯环上C=C特征峰;2500~3500 cm^{-1}之间较宽峰说明有O—H、N—H存在;1000~1300 cm^{-1}处峰可能为C—N伸缩振动峰,1300 cm^{-1}附近为芳香族胺C—N峰;以上特征吸收峰表明两性分含羧基、苯环、含N碱性基团。

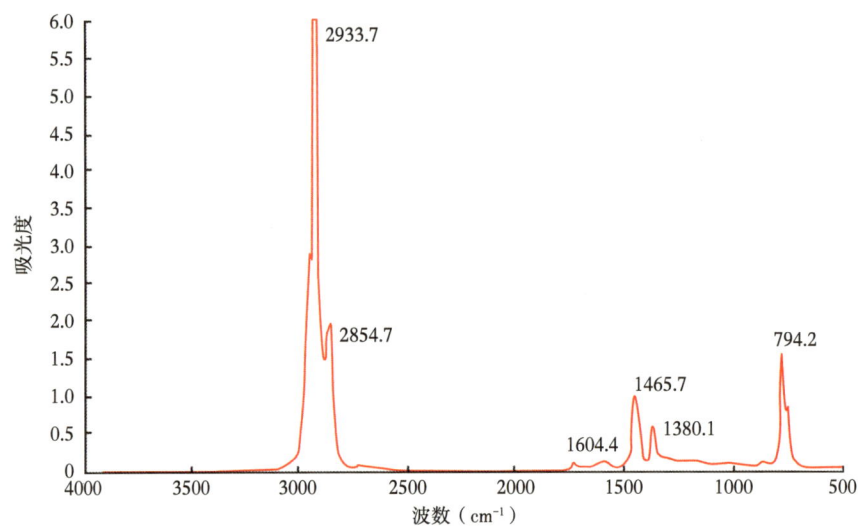

图2-17 孤五联原油中性分IR谱图

由图2-17可知,中性分IR谱图较为简单。与饱和分相似,中性分主要由饱和烃类组成。

(二)污水中有机物的组分及亚组分分析

1. 污水中总有机物与原油的元素及酸值对比

对污水中总有机物及原油进行了元素分析及酸值测定,结果见表2-19。

表2-19 污水中总有机物与原油的元素含量及酸值

样品	H (%)	C (%)	N (%)	O (%)	S (%)	H/C	酸值 (mg/g, 以KOH计)
孤二联污水总有机物	11.67	84.69	0.46	1.12	2.56	1.58	2.48
孤五联污水总有机物	11.06	84.02	0.44	1.78	2.70	1.58	3.38
孤二联原油	11.22	84.45	0.50	1.46	2.37	1.59	1.11
孤五联原油	11.24	84.74	0.55	0.79	2.68	1.59	0.87

从表2-19中可以看出,污水中总有机物的H/C原子比与原油的相当,但酸值都比原油的高,说明原油中的天然表面活性物质石油酸类进入污水中。

2. 污水中强、弱极性有机物亚组分的结构表征

1）亚组分酸值、碱性氮含量及相对分子质量的测定

用非水滴定法测定了原油和各亚组分的酸值及碱性氮含量，用 VPO 法测定了各亚组分的相对分子质量，结果见表 2-20。

表 2-20　亚组分的酸值、碱性氮含量及相对分子质量

组分	酸值（mg/g，以 KOH 计）	碱性氮含量（%）	相对分子质量
孤二联原油	1.11	0.173	568
亚组分Ⅰ-1	7.24	0.182	351
亚组分Ⅰ-2	1.62	0.295	730
亚组分Ⅱ-1	23.9	0.146	360
亚组分Ⅱ-2	1.84	0.250	765
亚组分Ⅱ-3	2.91	0.418	2350
亚组分Ⅱ-4	2.61	0.403	4530

从表 2-20 中各亚组分的酸值、碱性氮含量数据可以看出：从污水中分离所得的亚组分酸值均比原油的高；除亚组分Ⅱ-1 外，其他亚组分的碱性氮含量均比原油高，说明污水中油分所含石油酸（脂肪酸、环烷酸等）以及碱性氮化合物（胺、吡啶或喹啉类等）比相应原油多。该类物质极性较大，亲水性较强，在原油开采中易形成稳定的乳状液而进入油相。另外，亚组分Ⅰ-1 和Ⅱ-1 的酸值分别是孤二联原油酸值的 6.52 倍和 21.5 倍，说明水中油的强酸性物质主要富集在这两个亚组分中，为乳化活性亚组分。亚组分Ⅱ-3 和Ⅱ-4 的酸值分别为原油的 2.62 倍和 2.35 倍，且其碱性氮含量分别为 0.418% 和 0.403%，说明其中含有一定的酸性官能团和碱性官能团，它们也应具有很好的乳化活性。从各亚组分的相对分子质量数据也可以看出，亚组分Ⅱ-3 和Ⅱ-4 的相对分子质量很高，尤其亚组分Ⅱ-4，相对分子质量高达 4530；亚组分Ⅰ-1 和Ⅱ-1 的相对分子质量较低，在 300~400 之间；亚组分Ⅰ-2 和Ⅱ-2 的相对分子质量较高，在 700~800 之间。

2）亚组分的元素分析

各亚组分的元素分析见表 2-21。从表 2-21 中可以看出，亚组分Ⅱ-3 和亚组分Ⅱ-4 的 H/C 原子比较其他组分低，且 S、N 等杂原子的含量较其他的高、极性较大，尤其亚组分Ⅱ-4，总杂原子含量达 25.26%，远超过原油沥青质组分的杂原子含量。一方面是由于进入水相的是原油中极性较大的组分；另一方面，某些极性较大的采油助剂也在该亚组分中富集。亚组分Ⅰ-1 和亚组分Ⅱ-1 的 H/C 原子比较高，S、N 含量相对较低，但氧含量较高，均为 3.47%；说明其中除烃类外还含有较多石油酸类物质。亚组分Ⅰ-2 的 S、N、O 等杂原子的总量最低，说明该组分的极性相对较低。

表 2-21　各亚组分的元素分析

组分	H（%）	C（%）	N（%）	S（%）	O（%）	H/C	总杂原子含量（%）
孤二联原油	11.22	84.45	0.50	2.37	1.46	1.59	4.33
亚组分Ⅰ-1	11.68	82.99	0.34	1.54	3.47	1.69	5.35
亚组分Ⅰ-2	11.61	84.82	0.52	2.06	0.99	1.64	3.57
亚组分Ⅱ-1	11.27	83.26	0.35	1.65	3.47	1.62	5.47
亚组分Ⅱ-2	10.96	82.29	0.75	2.50	3.50	1.60	6.75
亚组分Ⅱ-3	9.32	81.20	1.24	4.49	3.75	1.38	9.48
亚组分Ⅱ-4	6.92	67.77	1.21	8.40	15.65	1.23	25.26

注：氧含量由减差法得到。

综合上述各亚组分的表征结果，对六个亚组分的组成进行了界定：亚组分Ⅱ-4相对分子质量高（4500以上），杂原子含量高（占25%），极性官能团数目多；亚组分Ⅱ-3相对分子质量较高（2300以上），杂原子含量较高（占9.48%）；亚组分Ⅱ-2和Ⅰ-2相对分子质量中等（700~800之间），酸值低，但亚组分Ⅰ-2杂原子含量较Ⅱ-2低得多，说明Ⅰ-2中极性官能团数目很少；亚组分Ⅱ-1和Ⅰ-1相对分子质量较小（300~400之间），酸值较高（尤其亚组分Ⅱ-1），杂原子含量较高，富集了污水中的酸性乳化活性物质。

3. 孤二联污水中强、弱极性有机物的 IR 谱图

孤二联污水中总有机物及强、弱极性有机物主要组分的 IR 谱图见图 2-18 至图 2-21。从图 2-18 中可以很明显看到羧酸中羰基吸收峰 1708cm^{-1}，这与样品的氧含量高（3.04%），酸值高（11.3mg/g，以 KOH 计）相吻合，说明强酸性物质富集在该组分中。

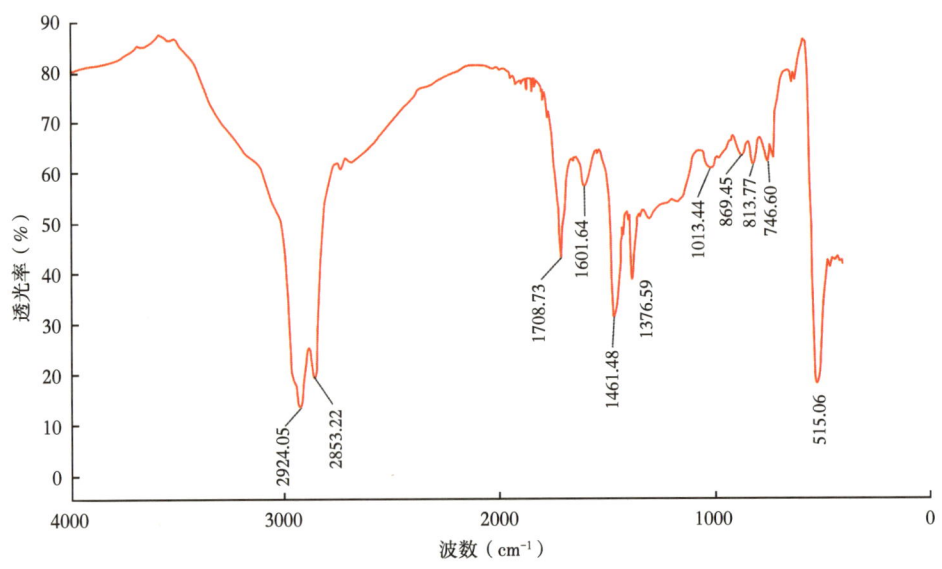

图 2-18　孤二联水样中强极性有机物的 IR 谱图

从图2-19可以看出，羧酸羰基的吸收峰很弱，但仍可以明显看到。将弱极性有机物分成亚组分Ⅰ-1和亚组分Ⅰ-2后，强酸性物质富集在亚组分Ⅰ-1中（酸值为7.24mg/g，以KOH计）。

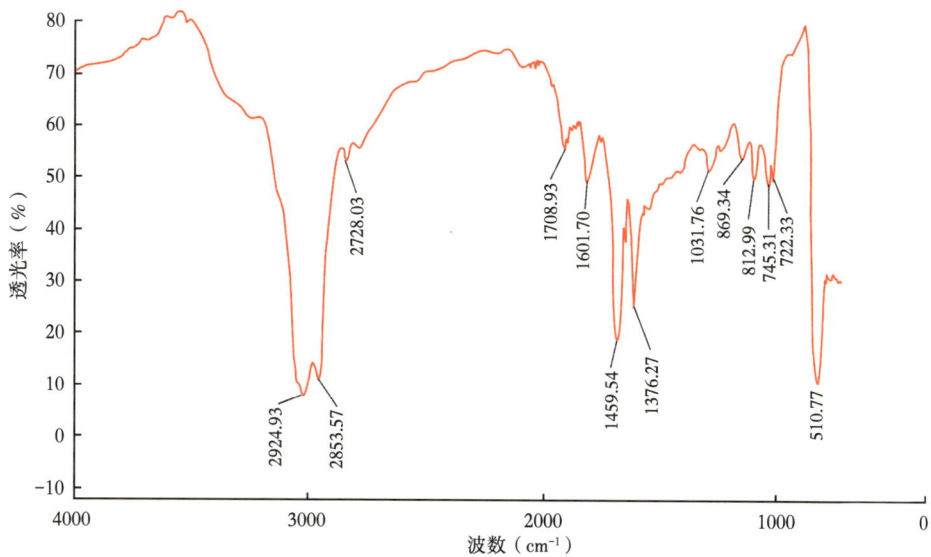

图2-19　孤二联污水中弱极性组分（Ⅰ）的IR谱图

对比图2-20和图2-21可以看出，二者非常相似。说明污水总有机物中石油醚不溶组分具有与原油中沥青质相似的性质及组成。但污水总有机物中石油醚不溶组分的IR谱图在1630~1740cm^{-1}之间有较多小吸收峰，即含有较多C=O结构。

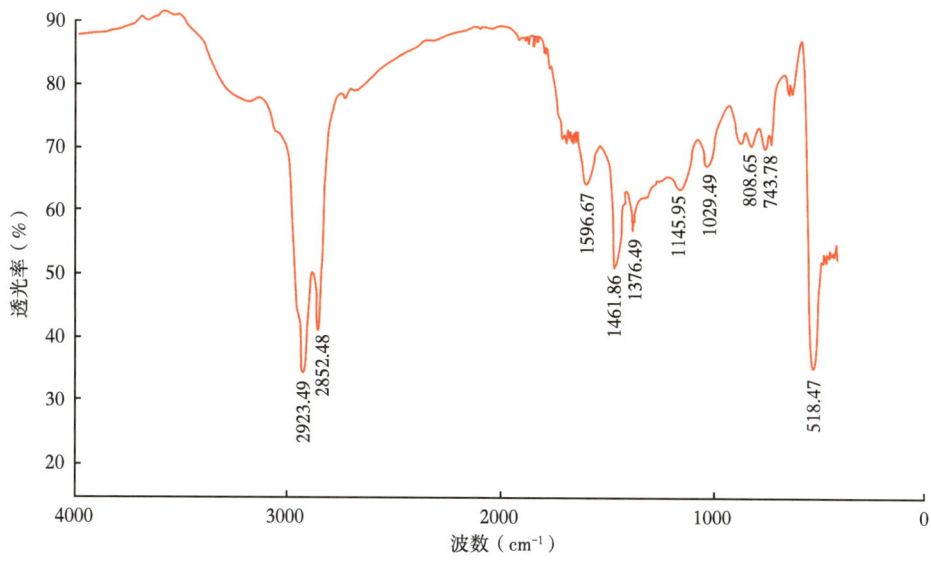

图2-20　孤二联污水中总有机物中石油醚不溶物的IR谱图

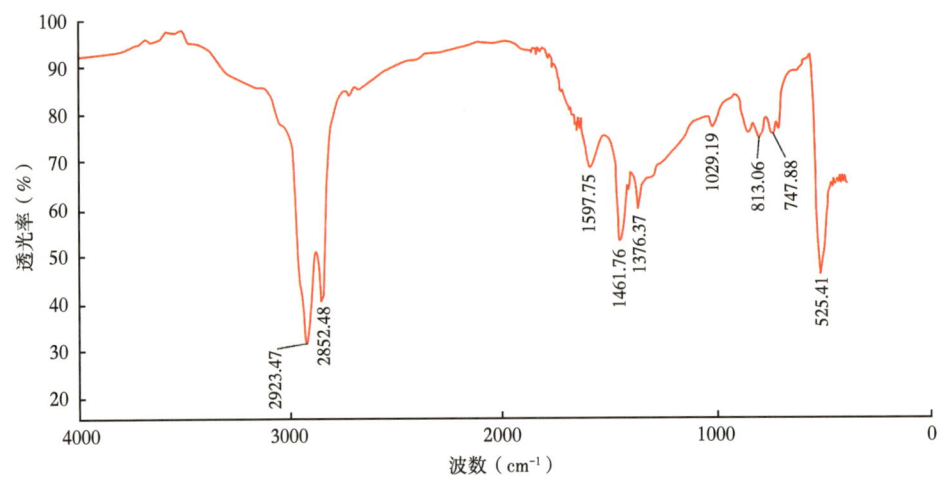

图 2-21　孤二联原油中石油醚不溶物的 IR 谱图

4. 污水中采集的 HPAM 分析

为了对比 HPAM 在注入前和在污水中性质的变化，对污水中采集的 HPAM 进行了元素组成分析、红外光谱分析、相对分子质量及水解度的测定。

1）污水中采集的 HPAM 元素分析

污水中采集的 HPAM 元素分析结果见表 2-22。

表 2-22　污水中采集的 HPAM 元素分析

样品	H（%）	C（%）	N（%）	S（%）	其他（包括 O）（%）	H/C
孤二联污水中的 HPAM	6.33	46.4	6.08	0.53	40.9	1.64
孤五联污水中的 HPAM	5.13	37.4	7.35	0.42	49.7	1.65

从表 2-22 发现，孤二联、孤五联污水中 HPAM 的 C、N 两种元素含量差异明显，表明 HPAM 的水解程度不同。

实验中采集的 HPAM 中还含有少量无机盐及其他有机物，富集 HPAM 的 H/C 原子比值比聚丙烯酰胺（1.67）的低。实验还发现孤二联污水中的 HPAM 为褐色坚硬的固体，有光泽；而孤五联污水中的 HPAM 为淡褐色较疏松(脆)的固体。

2）污水中采集的 HPAM 红外光谱分析

污水中采集的 HPAM 红外光谱图见图 2-22 和图 2-23。图 2-22 中 1710cm^{-1} 为羧酸中羰基的吸收峰，1630cm^{-1} 为酰胺中羰基的吸收峰。图 2-23 中 1720 cm^{-1} 为羧酸中羰基的吸收峰，1631cm^{-1} 和 1659cm^{-1} 为酰胺中羰基的吸收峰。1603cm^{-1} 为 N—H 键的弯曲振动吸收峰。3353cm^{-1} 和 3192 cm^{-1} 为 N—H 键的伸缩振动吸收峰。

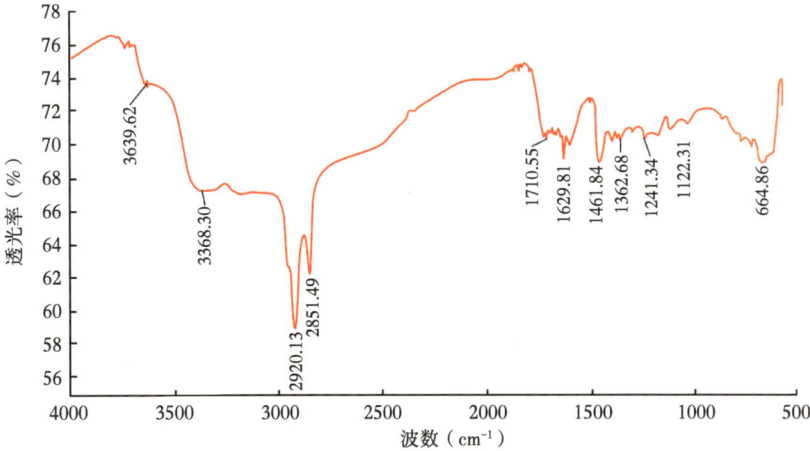

图 2-22 孤二联污水中的 HPAM 红外光谱图

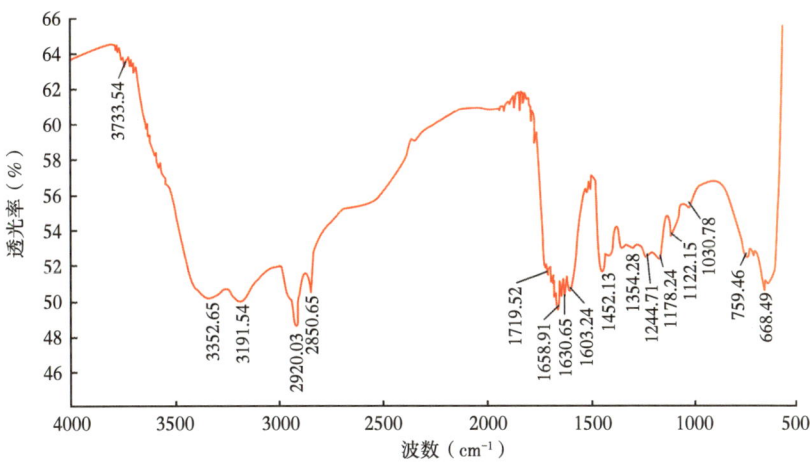

图 2-23 孤五联污水中的 HPAM 红外光谱图

3）污水中采集的 HPAM 相对分子质量及水解度测定

按照国标 GB12005.1—1989 中一点法测定 HPAM 氯化钠溶液的特性黏度，再根据式（2-1）计算 HPAM 的相对分子质量，结果见表 2-23。

$$[\eta] = 4.75 \times 10^{-3} M^{0.80} \text{ 或 } M = 802[\eta]^{1.25} \quad (2-1)$$

式中　$[\eta]$——特性黏度，mL/g；

　　　M——相对分子质量。

表 2-23　HPAM 溶液的特性黏度和相对分子质量

样品	特性黏度（mL/g）	相对分子质量（万）
富集品	292.6~821.0	97~352
驱油 HPAM	2789.9	1630

由表2-23的数据可以看出,经过地层的剪切和高温降解作用,HPAM的相对分子质量大幅度减小。污水中HPAM性质的变化,必然影响采出液的油水分离及含油污水的处理效果。

用淀粉—碘化镉比色法测定了采集HPAM的水解度为30.1%~35.4%,而注聚HPAM的水解度在20%~25%之间。说明在注聚采油过程中,由于在地层剪切及其他物理化学作用下,HPAM的相对分子质量大幅度降低,而水解度增加幅度较小。

综上所述,污水总有机物中石油醚不溶物的含量明显高于原油中石油醚不溶物的含量,说明污水中极性较大的物质较多,这些物质与水之间的相互作用较强,能够在水中稳定存在。孤二联污水中氯仿抽提物含量明显高于孤五联污水,而氯仿抽提物的酸值高,H/C原子比低,该组分含量高是造成污水中含油量高的又一重要原因。

第三节　采出液稳定性对油水分离的影响

一、采出液各组分的界面性质

(一)原油及其组分的界面性质

1. 原油及其组分界面张力测定

1)实验原理与方法

采用滴体积法测定界面张力,原理如下:

假设存在两种不相溶的液体,密度大的液体从毛细管口滴入密度小的液体中,所形成的液滴大小与两液体间的界面张力、密度差及所悬该液滴的毛细管滴头半径有关。液滴重量与表面张力关系为

$$(\rho_2 - \rho_1)Vg = 2\pi r\gamma \tag{2-2}$$

式中　ρ_2、ρ_1——液体的密度,ρ_1小于ρ_2,g/cm³;

V——液滴体积,cm³;

g——重力加速度,981cm/s²;

r——液滴的毛细管滴头半径,cm;

γ——两液体间的界面张力,mN/m。

其原因是液滴在下落过程中会形成圆柱形细径,进一步收缩并在该处断裂,即在管端形成的液滴不会全部滴落。此外,由于形成细径时界面张力作用方向与重力作用方向不一致,也使界面张力所支持的液滴重量变小。所以在应用式(2-2)时,必须引入校正系数Φ,即

$$\gamma = (\rho_2 - \rho_1)Vg / (2\pi r\Phi) \quad (2-3)$$

式中 Φ——$r/V^{1/3}$的函数，Φ与液体的界面张力、滴管材料、液体密度和黏度等无关。

当$0.3<r/V^{1/3}<1.2$时，$\Phi=0.9045-0.7294r/V^{1/3}+0.4293(r/V^{1/3})^2$；当$r/V^{1/3}\leqslant 0.3$时，$\Phi=1.007-1.479r/V^{1/3}+1.829(r/V^{1/3})^2$。

只要准确测量液滴的体积和相应的悬滴半径，便可用式（2-3）计算其界面张力。

滴体积法分为：上浮法——密度小的滴入密度大的液体中；下滴法——密度大的滴入密度小的液体中。

实验中，原油和沥青质因其颜色较深采用上浮法；而其他三组分——胶质、芳香分和饱和分采用下滴法。其中，对于不润湿的情况，r为毛细管滴头外径；润湿时r为毛细管滴头内径。

实验过程中观察到：下滴法时均为不润湿，上浮法时均有不同程度的润湿。其中，胶质完全润湿而不能采用上浮法，故采用下滴法。

2）孤五联原油及其常规四组分浓度对界面张力的影响

从图2-24可以看出，按极性分离出的常规四组分的界面张力大小顺序为：饱和分＞芳香分＞胶质＞沥青质，原油的界面张力在胶质与沥青质之间。饱和分与芳香分的界面活性较低，甲苯中溶入饱和分后，油相/水相的界面张力竟比纯甲苯/蒸馏水界面张力还高，芳香分也是浓度达到3%时界面张力才稍低于纯甲苯/蒸馏水的界面张力。胶质和沥青质的界面活性比较高，甲苯中溶入胶质和沥青质后与水的界面张力大为降低，其中沥青质降低的程度更大。原油的界面性质比较接近沥青质的界面性质。胶质、沥青质和孤五联原油对水的界面张力在浓度较低时降低较多，但随着浓度的增加却逐渐趋于一恒定值（表2-24），这是因为它们含有极性基团，表现出与表面活性剂相似的性质，即存在临界胶束浓度（CMC）。

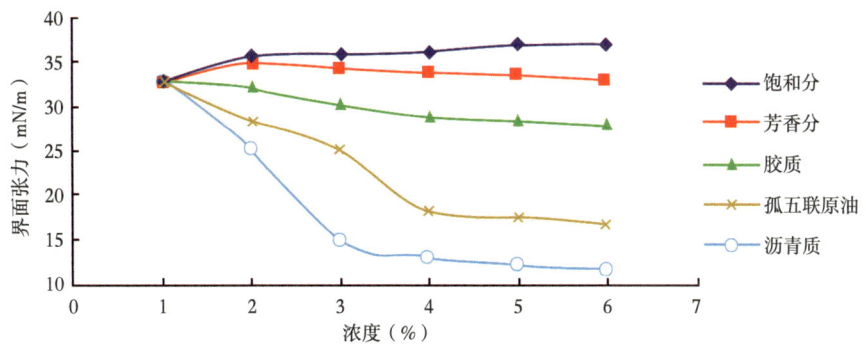

图2-24 不同浓度孤五联原油及其常规四组分的甲苯溶液/水界面张力

表 2-24 孤五联原油及其组分的界面张力与浓度的关系

浓度（%）	界面张力（mN/m）				
	饱和分	芳香分	胶质	孤五联原油	沥青质
0	33.1	33.1	33.1	33.1	33.1
0.5	35.7	34.8	32.1	28.3	25.1
1	36	34.3	30.3	25.2	14.9
2	36.3	33.7	28.9	18.2	13
3	36.9	33.5	28.3	17.6	12.1
5	37.1	33.1	27.9	16.8	11.5

在常规四组分中，胶质和沥青质中含杂原子与极性基团较多，所以具有较高的极性和界面活性，但相对而言，沥青质比胶质具有更高的极性，所以沥青质甲苯溶液与水的界面张力低于胶质甲苯溶液与水的界面张力；而饱和分、芳香分中均含有一定的蜡，而蜡含有较多的直链烷烃和异构烷烃，它们的界面活性比极性基团要差，所以二者的界面张力比胶质和沥青质的要高，但芳香分中含芳香烃较多，饱和分含烷烃较多，因为芳香烃的界面活性比烷烃的要高，所以芳香分溶液的界面张力低于饱和分溶液。从图 2-24 中可以看出：孤五联原油甲苯溶液的界面张力小于胶质甲苯溶液的界面张力，胶质、饱和分和芳香分三组分混合后的表面张力应高于胶质的界面张力，但混合沥青质后形成的原油界面张力明显低于胶质、饱和分和芳香分三组分混合后的表面张力，说明沥青质是界面的主要吸附活性组分，也是采出液稳定的主要活性物质。在采出液活性组分的研究中，重点放在沥青质在界面的吸附。通过以上分析可知，沥青质组分对采出液稳定性的影响并不是关键的，因此，还应研究吸附和稳定性的关系，因为这关系到破乳剂模型与什么因素关联的问题。

3）原油及其酸碱四组分苯/水界面张力测定

孤五联原油及其酸碱四组分苯溶液/水界面张力结果见图 2-25。

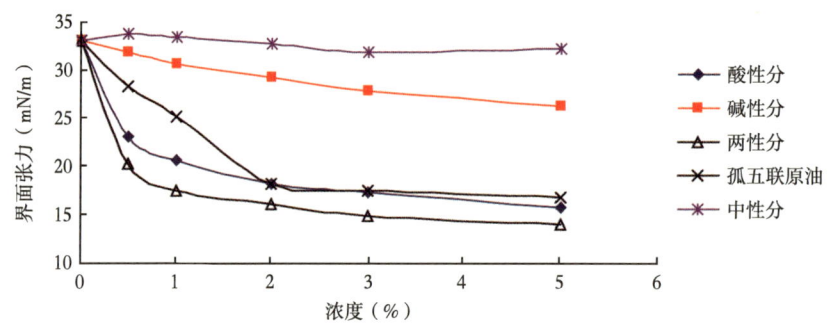

图 2-25 不同浓度孤五联原油及其酸碱四组分的甲苯溶液/水界面张力

从图 2-25 可以看出，按官能团分离出的酸碱四组分的界面张力大小顺序为：中性分＞碱性分＞酸性分＞两性分，说明两性分的界面活性最高，中性分的界面活性最低；原油的界面张力在酸性分与两性分之间,这与它们的结构有关。从元素分析和红外谱图分析可知,酸性分和两性分的杂原子含量较高,含有较多的含氧化合物和含氮化合物等活性物质,因此酸性分和两性分具有较高的表面活性。

由温度对孤五联原油及其四组分甲苯溶液/水(水为去离子水)界面张力的影响结果(图2-26)可知,在实验温度范围内,原油和芳香分的界面张力随温度的升高而降低;饱和分基本趋势也是下降;胶质和沥青质的界面张力随温度变化不大。

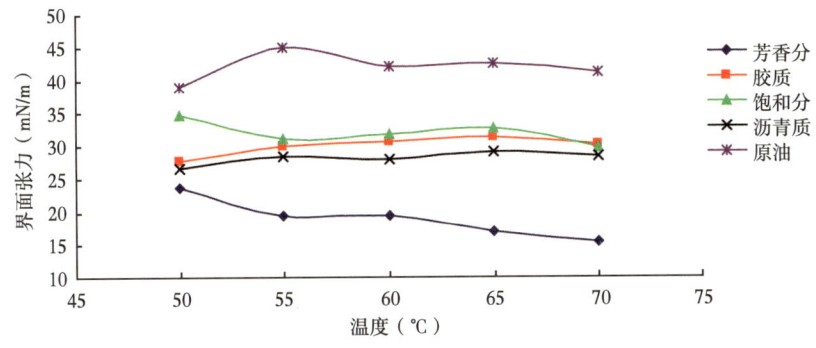

图2-26　温度对孤五联原油及其四组分甲苯溶液/水界面张力的影响

从理论上来说,在一定的温度范围内,温度升高,组分分子热运动增加,易于向界面上聚集,因而界面张力应该减小。但温度继续增加时,油相和水相的体积大大增加,甚至界面上的组分分子也重新回到溶液内部,这样在界面上吸附的组分分子数目反而减少,从而界面张力增大。

由于不同组分的结构和性质不同,随温度变化的性质也不同,因而温度变化时呈现出不同的变化趋势。

4)不同含量原油组分的甲苯溶液/水模拟体系界面张力

测定了不同浓度孤五联原油组分的甲苯溶液/水界面张力。固定胶质与油分的质量比为1∶2,改变沥青质的浓度,结果见表2-25。固定沥青质与油分的质量比为1∶5,改变胶质的浓度,结果见表2-26。

表2-25　不同浓度沥青质的甲苯溶液/水界面张力

配比	1∶6∶12	2∶6∶12	3∶6∶12	4∶6∶12
界面张力(mN/m)	24.9	23.5	22.1	19.0

注:配比为沥青质∶胶质∶油分(饱和分+芳香分),浓度为4%。

表2-26　不同浓度胶质的甲苯溶液/水界面张力

配比	1∶1∶5	1∶2∶5	1∶3∶5	1∶4∶5
界面张力(mN/m)	19.8	23.7	22.5	20.9

注:配比为沥青质∶胶质∶油分(饱和分+芳香分),浓度为4%。

由表2–25和表2–26可知，在不同配比的模拟乳状液中，随着沥青质含量的增加，界面张力降低，这是由于沥青质的界面活性较高的缘故；沥青质和油分的比例不变的情况下，随着胶质含量的增加，模拟乳状液/水的界面张力也降低，表明胶质在原油中也可以降低原油的界面张力（胶质单组分模拟乳状液的界面张力较大，并且受浓度的影响较小），说明原油中各组分间存在着复杂的相互作用。

5）原油组分界面张力与各组分浓度之间的关系

根据表2–24中数据，采用Guass迭代法求得孤五联原油组分界面张力与各组分浓度之间的关系。

饱和分界面张力与其浓度之间的关系：

$$\gamma_{alk}^2 = 1378.9903 - 256.4272e^{-x_1} \tag{2-4}$$

式中 γ_{alk}——饱和分界面张力，mN/m；

x_1——饱和分浓度，%。

由式（2-4）可知，饱和分界面张力随着其浓度的增加而减小，但受其影响不大。

芳香分界面张力与其浓度之间的关系：

$$\gamma_{aro} = 34.2807 - 0.7399\ln x_2 \tag{2-5}$$

式中 γ_{aro}——芳香分界面张力，mN/m；

x_2——芳香分浓度，%。

由式（2-5）可知，芳香分界面张力随着其浓度的增加而减小，但受其影响不大。

胶质溶液界面张力与其浓度之间的关系：

$$\gamma_{res}^{0.5} = 5.0934 + \frac{0.4055}{x_3^{0.5}} \tag{2-6}$$

式中 γ_{res}——胶质溶液界面张力，mN/m；

x_3——胶质浓度，%。

由式（2-6）可知，胶质溶液界面张力随着其浓度的增加而减小，并且其浓度对界面张力影响较大。

沥青质溶液界面张力与其浓度之间的关系：

$$\gamma_{asp} = 9.2565 + \frac{7.5168}{x_4} \tag{2-7}$$

式中 γ_{asp}——沥青质溶液界面张力，mN/m；

x_4——沥青质浓度，%。

由式（2-7）可知，沥青质溶液界面张力随着其浓度的增加而减小，浓度对界面张力的影响很大。

2. 孤五联原油各组分 ζ 电位测定

原油各组分的 ζ 电位用 JS94F 型微电泳仪测定。主要考察了盐度对原油各组分 ζ 电位的影响，结果见图 2-27。

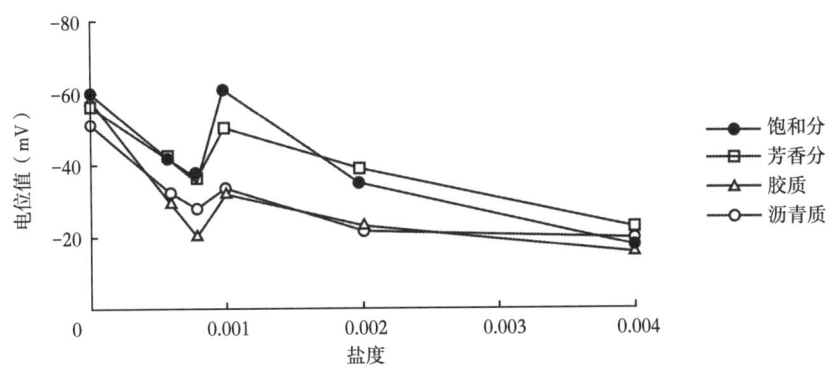

图 2-27　不同盐度时孤五联原油常规四组分 ζ 电位

从图 2-27 看出，常规四组分曲线都呈折线状且 ζ 电位数值受盐度影响较大，在 NaCl 水溶液盐度小于 0.002 时都有一最大值和一最小值；在 NaCl 水溶液盐度大于 0.001 时曲线都呈下降趋势。盐度对胶质和沥青质电位数值的影响相对较大，而对饱和分和芳香分的影响相对较小。

如前所述，乳状液液滴表面是带负电的，它吸附了一层正电荷，从而形成了双电层。当溶液中含有少量 NaCl 时，Na^+ 排斥双扩散层中的正离子，使其被迫进入吸附层，从而使 ζ 电位绝对值减小；而当盐度进一步变大时，由于 Na^+ 已经有一部分吸附在双扩散层上，从而使溶液本体中的 Cl^- "富余"，这便形成了一个浓度梯度，同时由于 Cl^- 半径比较大，因此与油滴表面的 Van der Waals 吸引力比较大，可能会克服静电排斥作用而进入 Stern 层，从而使 ζ 电位绝对值有所增加。当 NaCl 水溶液浓度进一步增加时，由于 Na^+ 半径比较小，而 Cl^- 相对较大，此时静电力会克服 Van der Waals 吸引力，成为主导因素，这样随着盐度的增加，Na^+ 会不断地被压进吸附层，使得 ζ 电位绝对值变得更小。

界面电荷理论认为，乳状液的液滴带电，使液滴相互接近时产生排斥力，从而防止液滴聚结。因此，ζ 电位数值越大，乳状液越稳定；反之，ζ 电位数值越小，乳状液越不稳定。常规四组分 ζ 电位数值大小差别不大，因此它们对原油乳状液稳定性的贡献差别也不大。

3. 原油及其组分成膜性质

1）基本原理

实验原理如下：不溶或难溶于水的极性有机物（如高级脂肪醇、酸、酯等）溶于有机溶剂中，将该液滴加于干净的水面上，有机溶剂挥发，极性有机物在水面上自动展开，形成单分子层膜。在膜形成时表现出对水面上的浮物有推动力，成膜分子作用于 1cm 浮物上的作用力称为表面压（力），通常以 π 表示。π 的大小在数值上等于因形成单分子膜使水的表面张力降低的数值：

$$\pi = \gamma_0 - \gamma \qquad (2-8)$$

式中　π——表面压（力），mN/m；

　　　γ_0——纯水的表面张力，mN/m；

　　　γ——形成膜后水的表面张力，mN/m。

在水面上铺展有一定量的不溶物后，改变水面的面积（即改变膜中每个不溶物分子所占据的面积 A），π 值也相应有所变化，这样可以得到 π—A 关系曲线。

由于成膜物质分子存在极性结构，极性基团部分通过氢键、离子氛等方式与水发生强烈作用，非极性部分通过分子间力等发生相互作用。在不同的条件下，单分子膜性质表现出明显的差异。根据单分子膜的行为特征，大致可以分为气态膜、液态扩张膜、转变膜、液态凝聚膜、固态膜。

气态膜单个膜分子在膜中所占据的平均面积大大超过分子本身的截面面积，成膜物质分子平卧于表面上，膜可以无限扩大而不发生相变，膜的 π—A 曲线基本符合理想气体的状态方程 $pV_m=RT$。

液态扩张膜本质上是液态的，但压缩系数比正常液体的大得多。Langmuir 认为液态扩张膜可以看作是一种极薄的双重膜，上面是与空气接触的碳氢链，碳氢链之间有吸引力，故可将其看成是液相；下面是溶于水的极性基，保留着气态膜的性质。

转变膜本质上是液态的和不均匀的，其可压缩系数比液态扩张膜更大。Langmuir 认为，在该膜中存在一种分子群，分子会聚集成团，或称二维胶团。

液态凝聚膜的压缩系数很小，就像液体一样，所以叫作液态凝聚膜，其是在极性基之间带着一些水的半固态膜。

实验在 Langmuir 膜天平上进行，结果见图 2-28。

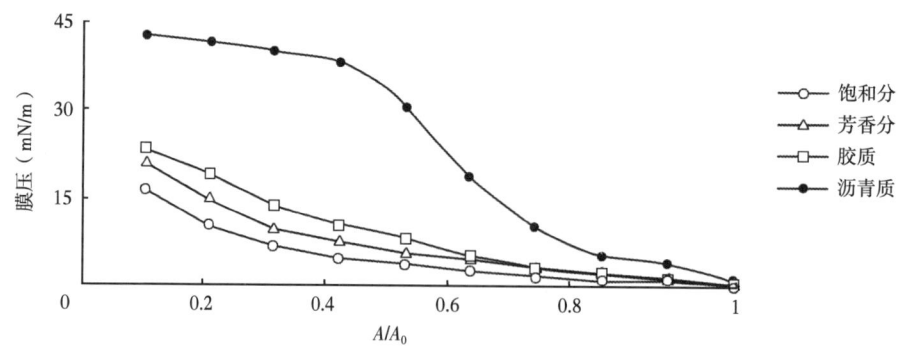

图 2-28　孤五联原油各组分的 π—A/A_0 曲线

图 2-28 中 A/A_0 表示归一化面积，由于原油中的天然表面活性物质成分复杂，不可能给出确切的分子面积，故使用 π—A/A_0 作为相对的 π—A 曲线。由图 2-28 可知，原油中各组分的 π—A/A_0 曲线表现出明显的差异，其膜压的大小顺序为：沥青质＞胶质＞芳香分＞饱和分，其中沥青质的 π—A/A_0 曲线与其他三种明显不同，表现为：π 随 A/A_0 变化大，表面膜的压缩性小，在 $A/A_0=0.7$ 附近，由膨胀膜转化为凝聚膜；在 $A/A_0=0.4$~0.7 之间，π 随 A/A_0 的减小而呈直线上升，表现出凝聚膜的典型特征。这说明沥青质膜的强度是很大的，沥青质膜可以承受高压；并且沥青质膜的膜压远高于其他组分的，而组分膜压越大，说明其形成的表面膜黏弹性较好。因此膜压越大，对原油乳状液稳定性的贡献越大；膜压越小，对乳状液稳定性的贡献越小。所以，沥青质对原油乳状液稳定性的贡献较大，这与沥青质的分子结构分析及界面张力的研究结果一致。

2）原油各组分的膜压与 A/A_0 的关系

沥青质溶液的膜压与 A/A_0 的关系：

$$\ln \pi = 3.7916 - 3.6444(A/A_0)^3 \tag{2-9}$$

胶质溶液的膜压与 A/A_0 的关系：

$$\ln \pi = 5.4806 - 2.0982 e^{(A/A_0)} \tag{2-10}$$

芳香分溶液的膜压与 A/A_0 的关系：

$$\pi^{0.5} = 6.3196 - 5.6417(A/A_0)^{0.5} \tag{2-11}$$

饱和分溶液的膜压与 A/A_0 的关系：

$$\pi = -7.1012 + \frac{7.4817}{(A/A_0)^{0.5}} \tag{2-12}$$

4. 原油及其组分表面张力的测定

1）实验方法

原油及其组分表面张力的测定在上海中晨数字技术有限公司产 JK99A 型全自动张力仪上进行。用吊环法测定液体的表（界）面张力。室温（20℃）测得去离子水的表面张力为 71.96mN/m，而纯水表面张力为 72.75mN/m，实验误差为 1.0%。这表明用 JK99A 型全自动张力仪测定的表面张力值是准确的。

原油及其组分溶解在经过处理的航空煤油中。处理方法如下：经活化硅胶 120~200 目吸附 48h 脱芳香烃（硅胶活化条件：将硅胶放入马弗炉中，在 110℃下活化 10h，放入干燥器中冷却待用）。

2）实验结果

不同浓度孤五联原油及其组分的煤油溶液表面张力见图 2-29。

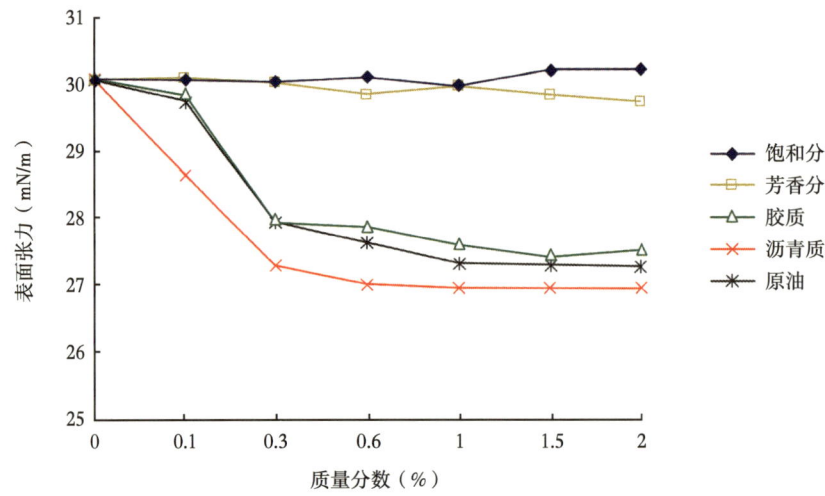

图 2-29 不同浓度孤五联原油及其组分的煤油溶液表面张力

由图 2-29 可知，饱和分和芳香分不同浓度的溶液表面张力基本相同，与溶剂煤油的基本相同，表明二者的表面活性很低，而原油、胶质、沥青质的煤油溶液表面张力均小于煤油的，并且随着溶液浓度的升高而显著降低，而且沥青质溶液的表面张力最低，表明胶质和沥青质是原油中的主要活性组分，是原油乳状液稳定的主要因素。当溶液浓度达到一定值时，原油、胶质、沥青质的表面张力变化趋于平缓。这是由于溶液中表面活性物质的浓度很稀时，浓度稍有增加，便会有一部分表面活性物质分子自动聚集在表面层，使煤油和空气的接触面减小，溶液的表面张力急剧降低，此时表面活性物质的分子是零星分散在溶液表面的；当溶液中表面活性物质的浓度足够大，在液面上达到饱和状态时，液面上挤满一层定向排列的表面活性物质分子，形成单分子膜，在溶液本体内则形成胶束。胶束中表面活性物质分子的亲油基团与煤油相接触，而极性基团则被包在胶束中，几乎完全脱离了与煤油的接触。此时溶液的浓度即为该表面活性物质的临界胶束浓度。当溶液浓度超过临界胶束浓度时，液面上早已形成紧密、定向排列的单分子膜，若再增加表面活性物质的浓度，只能增加胶束的个数（也有可能使胶束所包含的分子数增多）。

实验中还发现，沥青质的质量分数超过 1.5% 时，在煤油中难以完全溶解，影响了其溶液的表面张力。

（二）污水中有机物亚组分的界面性质

测定了不同浓度各亚组分的苯—庚烷溶液/水的界面张力，各亚组分浓度—界面张力的关系见图 2-30。由于亚组分Ⅱ-3 和亚组分Ⅱ-4 在苯—庚烷体系中溶解度不大，浓度过高，会以颗粒的形式析出，影响测定结果。因此，这两亚组分的质量浓度选在 500mg/L 以下。

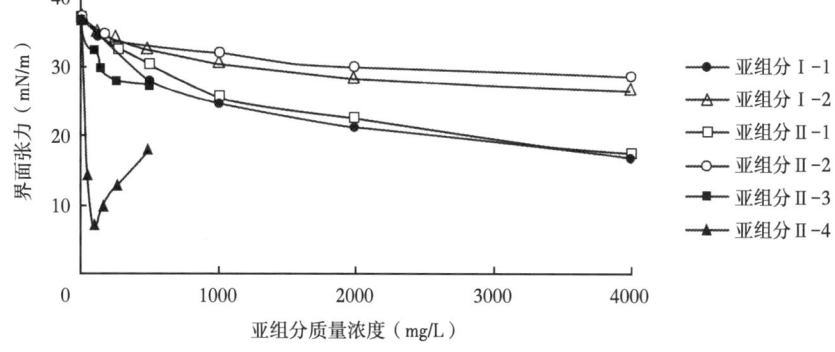

图 2-30 不同浓度亚组分的苯—庚烷溶液与蒸馏水（pH=7.5）的界面张力

从图 2-30 中可以看出，各亚组分的苯—庚烷溶液/水的界面张力大小顺序为：亚组分Ⅱ-4＜亚组分Ⅱ-3＜亚组分Ⅱ-1≈亚组分Ⅰ-1＜亚组分Ⅱ-2≈亚组分Ⅰ-2。从亚组分的结构分析可知，亚组分Ⅱ-4中杂原子含量最高，H/C原子比最低，是污水油分中极性最大的亚组分，该亚组分在很低浓度下就有很强的界面活性。亚组分Ⅱ-3的杂原子含量略低于亚组分Ⅱ-4，H/C原子比较低，其中也含有较多的界面活性物质，具有较强的界面活性。亚组分Ⅱ-1和亚组分Ⅰ-1含有较多的有机酸，这些酸能与碱形成表面活性剂，降低油水界面张力。亚组分Ⅱ-2和亚组分Ⅰ-2酸值相对较低，界面张力较高，界面活性相对较弱。

二、原油乳状液破乳稳定性的影响因素

（一）电导率法研究原油及其组分乳状液的稳定性

1. 实验方法

电导率的测定使用 DDS-11A 型电导率仪，配 DJS-1 型铂电极（上海第二分析仪器厂）。将含有一定浓度的孤岛原油及其常规四组分不同浓度的煤油溶液与水按体积比7:3的比例混合，配成100mL混合物，用 D25-1 型电动搅拌机搅拌0.5h，转速700~800r/min，并迅速转移至 DDS-11A 型电导率仪上，测定其富水相和富油相电导率随时间的变化。由于富水相密度大，沉降于底部，富油相密度小，漂浮在上部，将测富水相电导率的电极下端置于电导池的底部，将测富油相电导率的电极置于电导池的顶部。测定温度都在（25.0±1.0）℃下进行。

2. 实验结果

1）原油及其组分的煤油溶液电导率

孤五联原油及其常规四组分煤油溶液的电导率见表2-27至表2-31。

表 2-27　不同浓度原油的煤油溶液电导率

质量分数（%）	1.50	1.00	0.50	0.25
电导率（μS/cm）	0.117	0.117	0.116	0.114

表 2-28　不同浓度沥青质的煤油溶液电导率

质量分数（%）	1.00	0.50	0.30	0.10
电导率（μS/cm）	0.180	0.174	0.152	0.139

表 2-29　不同浓度胶质的煤油溶液电导率

质量分数（%）	2.00	1.00	0.50	0.20
电导率（μS/cm）	0.109	0.106	0.103	0.99

表 2-30　不同浓度芳香分的煤油溶液电导率

质量分数（%）	2.00	1.00	0.50	0.20
电导率（μS/cm）	0.105	0.105	0.102	1.03

表 2-31　不同浓度饱和分的煤油溶液电导率

质量分数（%）	2.00	1.00	0.50	0.20
电导率（μS/cm）	0.109	0.111	0.109	1.07

由表 2-27 至表 2-31 可见，孤五联原油及其常规四组分煤油溶液的电导率都比较小，但沥青质溶液的电导率要大于其他组分的，表明沥青质分子的极性较大，这与其分子结构含有较多的杂原子、极性大有关。

2）不同组分的煤油/水乳状液电导率

电导率取决于电解质的本性与浓度以及介质的介电常数，在相同的连续相中，则取决于电解质及其浓度。所研究的乳状液在放置一段时间后会分为富水相和富油相两层，富油相含煤油多，密度小，浮于电导池上部，随着破乳分层，富油相含水量不断减少，电导率相应减小，富水相就沉降于底部；随着破乳分层脱出的水不断沉降，富水相逐渐没过电极，电导率逐渐增加。乳状液越不稳定，脱水速度越快，完成完全破乳分层的时间就越短。电导率方法对于测定乳状液稳定性是很有效的方法，通过电导率曲线可以直观地衡量乳状液的稳定性，用电导率法进行测定，可以连续监测乳状液状态的变化，并且可获得乳状液动态过程的有用信息，进一步研究乳状液的稳定性。

不同组分的煤油/水乳状液的电导率随时间的变化情况见图 2-31 至图 2-35。

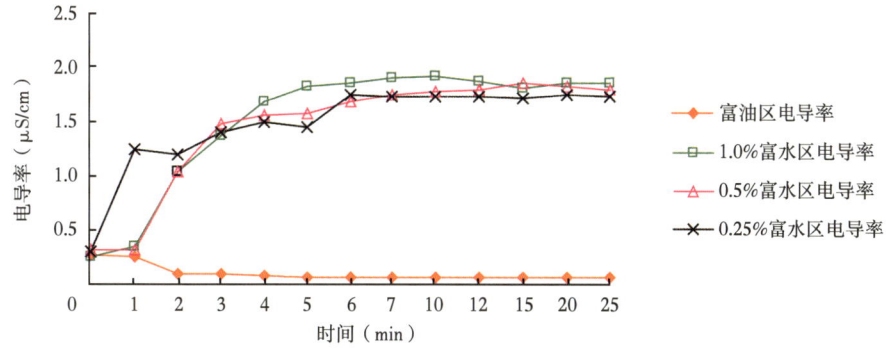

图 2-31　孤五联原油的不同浓度煤油／水乳状液的电导率

由图 2-31 可知，各浓度孤五联原油富油区的电导率很快达到平衡，但富水区的电导率随着时间的延长而逐步增大，最后达到平衡的时间较长。不同浓度的乳状液达到平衡的时间不同，并且变化情况也不同，随着浓度的增大，电导率出现最大值，然后趋于平衡。实验中发现，富水区的透光率不同，在实验时间内，含原油 0.25% 的乳状液有 20mL 澄清的水析出（理论值为 30mL），但富油区和富水区界面分明，从外观上看，乳状液分为三层；含原油 1% 的乳状液在实验时间内没有析出澄清的水，并且富水区的黏度很大，放置 24h 后也无澄清的水析出，表明随着浓度的增大，原油中的活性物质较多地转移到富水区，形成了稳定的 O/W 型乳状液。

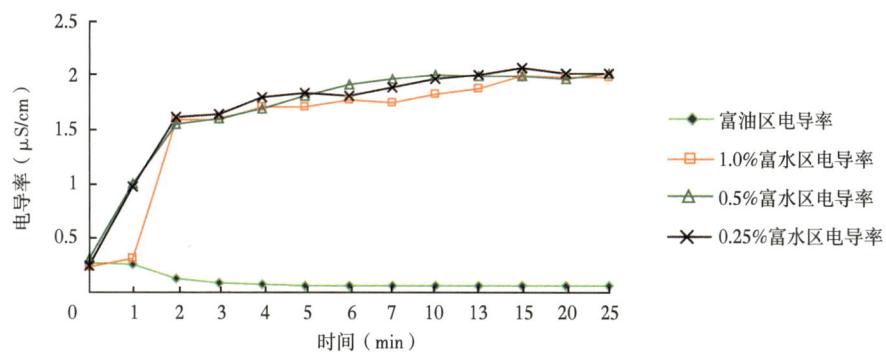

图 2-32　孤五联胶质的不同浓度煤油／水乳状液的电导率

由图 2-32 可知，各浓度孤五联胶质富油区的电导率很快达到平衡，但富水区的电导率随着时间的延长而逐步增大，最后达到平衡。与图 2-31 相比，含胶质的乳状液达到平衡的时间较快，不同浓度的乳状液油水分离达到平衡的时间基本相同，表明胶质形成的乳状液稳定性较差；并且富水区逐渐变清，在实验时间内，最后析出 30mL 澄清的水。

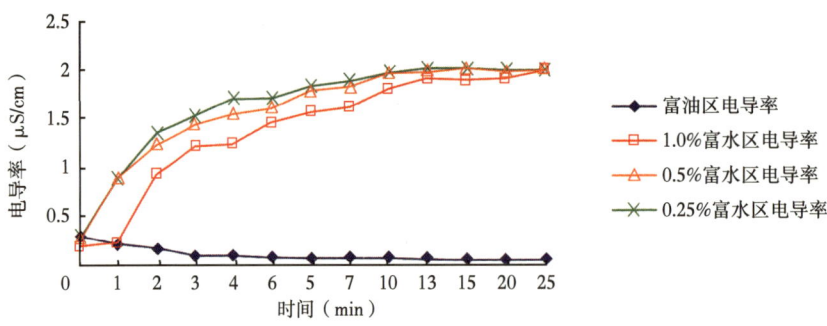

图 2-33 孤五联沥青质的不同浓度煤油/水乳状液的电导率

由图 2-33 可知，各浓度孤五联沥青质富油区的电导率很快达到平衡，但富水区的电导率随着时间的延长而逐步增大，最后达到平衡。含沥青质的乳状液达到平衡需要较长的时间，不同浓度的乳状液达到平衡的时间不同，并且变化情况也不同，随着浓度的增大，电导率出现最大值，然后趋于平衡。实验中发现，在实验时间内，富水区的体积很快就达到平衡，但不透明，无澄清的水析出，且富水区的黏度较大。为此，将富油相取出，在相同的条件下配制乳状液，观察其稳定性，如此反复到第四次才有澄清的水析出，表明沥青质对乳状液的稳定性贡献最大。

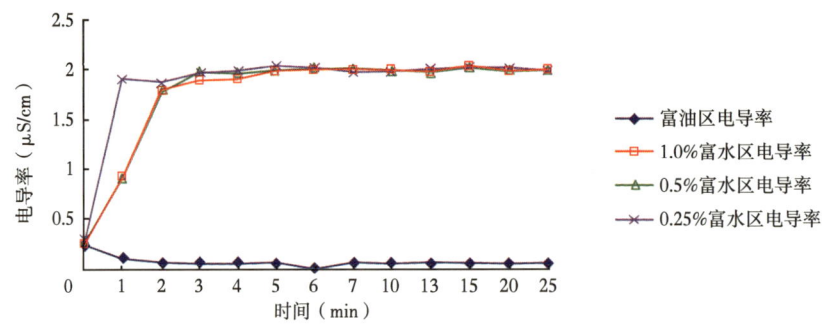

图 2-34 孤五联原油饱和分的不同浓度煤油/水乳状液的电导率

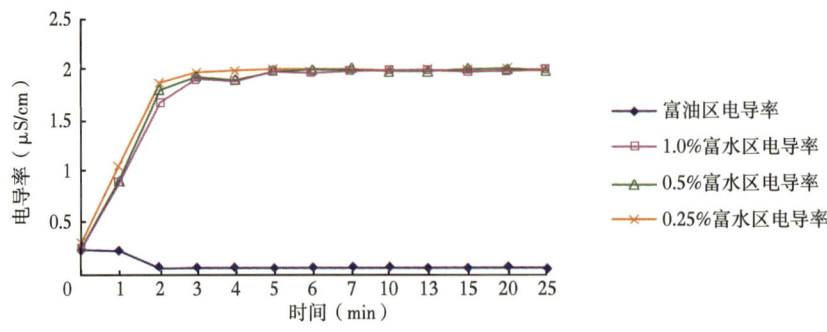

图 2-35 孤五联芳香分的不同浓度煤油/水乳状液的电导率

由图2-34和图2-35可以看出,乳状液的富水相电导率都逐渐增大,乳状液很不稳定,在短时间内,其富水相的电导率就趋于稳定。说明制成的乳状液不稳定,很快就分层达到完全分层的平台。

由图2-31至图2-35还可以看出,不同组分随着时间的延长,富水相的电导率达到平台的时间不同,表明不同组分的乳状液稳定性不同,饱和分和芳香分形成的乳状液很不稳定,而沥青质达到平台的时间最长,表明沥青质形成的乳状液最稳定。因此,在原油的四组分中,沥青质对乳状液的稳定性贡献最大。分层后的沥青质乳状液富水区中活性组分的结构和性质有待于进一步研究。

各组分的乳状液富油相电导率是一个变小的过程,并且随着各组分浓度的增大,电导率的变化也逐渐增大。浓度不同,其稳定性也不一样。

为了进一步说明乳状液的稳定性,用分光光度计测定了25min后分离的水的透光率,实验选择的波长为560nm。结果见表2-32。

表2-32 25min后分离的水的透光率 单位:%

组分	原油质量分数			胶质质量分数			沥青质质量分数			饱和分质量分数			芳香分质量分数		
	1	0.5	0.25	1	0.5	0.25	1	0.5	0.25	1	0.5	0.25	1	0.5	0.25
透光率	—	30	93.5	91.6	92.3	93.9	—	—	—	93.1	95.2	95.6	93	94.6	95

由表2-32可见,不同组分最后的析出水的透光率不同,沥青质的无法测出,这也表明沥青质形成的乳状液最稳定;高浓度的原油形成的乳状液,在实验时间内,水相的透光率无法测出。不同浓度的乳状液析出水的透光率也不同,透光率随着浓度的减小而增大。表2-32的数据从另一个角度证明了不同组分对乳状液的贡献不同,其中,沥青质的贡献最大。

(二)瓶试法研究原油及其组分乳状液的稳定性

将含有一定浓度的孤岛原油及其常规四组分的不同浓度煤油溶液与水按体积比7:3的比例混合,配成100mL混合物,并用D25-1型电动搅拌机搅拌0.5h,转速1000~1100r/min,迅速转移到具塞试管中,在50℃条件下测定不同时间的出水率,结果见表2-33。

由表2-33可见,随着时间的延长,饱和分和芳香分的乳状液很快将水分离完全,而沥青质形成的乳状液最稳定,但最后也完全达到油水分离;在原油样品中,经多次水洗处理的原油形成的乳状液稳定性差,未经处理的原油乳状液在实验时间内没有达到油水分离,表明原油乳状液的稳定性除了与原油的组成有关,还与采出液中添加的其他物质有关。这表明不同样品形成的乳状液稳定性是不同的。

实验中还发现,孤二联原油形成的乳状液非常稳定,并且易产生中间层。当用混配器搅拌未经处理的孤二联原油时,发现形成了非常稳定的乳状液,下层的黏度也非常大,加入大量破乳剂后也比较难破乳,这可能与孤二联原油的采出液组成有关。

表 2-33 不同原油及其组分的脱水量

时间 (min)	脱水量（mL）					
	孤五联原油	胶质	沥青质	饱和分	芳香分	孤二联原油
1	1.0	1.2	0.8	1.6	1.8	1.1
3	2.0	2.5	1.9	16.5	15.6	1.9
6	3.8	3.8	3.6	27.6	26.8	3.8
10	4.9	4.9	5.1	29.6	29.3	4.7
20	16.2	17.2	15.6	29.9	29.8	16.8
30	20.3	21.9	19.8	29.9	30.0	21.3
60	26.5	28.9	25.6		30.0	22.3
90	29.6	29.3	29.6			25.9
120	29.8	29.8	29.8			26.9
150	30.0	30.1	30.0			27.3
180	30.0	30.1	30.0			29.3
210						29.9

注：所有样品的煤油溶液质量分数均为1.5%；理论脱水量为30mL。

（三）原油乳状液破乳稳定性因素分析

原油采出液的稳定性不但与原油的组成有关，还与采出液中的外加物质有关。随着聚合物驱技术的广泛使用，聚合物对采出液稳定性的影响研究也越来越重要。笔者研究了HPAM、盐、固体颗粒等对原油乳状液稳定性的影响。

1.HPAM 对原油乳状液稳定性的影响

1）不同质量浓度HPAM对原油乳状液稳定性的影响

孤岛采油厂孤二联采出液含有较多的HPAM（质量浓度约为260mg/L），因此，考察不同质量浓度HPAM（相对分子质量为1700万，水解度为28%）对孤二联原油乳状液稳定性的影响有重要意义，结果见表2-34。

表 2-34 HPAM 质量浓度对原油乳状液稳定性的影响

时间 (min)	脱水量（mL）			
	50mg/L	100mg/L	300mg/L	空白
0	0	0	0	0
10	12.1	10.6	9.8	20
20	20.3	18.1	15.3	23.8
30	24.0	22.3	20.1	24.0
40	24.0	24.0	23.8	24.0
50	24.0	24.0	24.0	24.0
60	24.0	24.0	24.0	24.0

实验条件：将原油和HPAM的水溶液按一定比例在室温下混合，用手摇动200次；原油乳状液油水比为3∶7，体积为80mL左右，实际含水量为24mL，实验温度为50℃。

由表2-34可知，加入HPAM后，原油乳状液的稳定性增强，并且随着HPAM质量浓度的增加，乳状液的稳定性增强，说明HPAM在一定程度上增加了原油乳状液的稳定性。

在上述实验条件下，再加入100mg/L的破乳剂，振荡破乳，实验结果见表2-35。

表2-35 破乳剂对含不同质量浓度HPAM的原油乳状液稳定性的影响

时间(min)	脱水量（mL）			
	50mg/L	100mg/L	300mg/L	空白
0	0	0	0	0
15	22.1	17.6	13.2	23.8
30	23.9	23.1	19.6	24.0
45	24.0	23.9	23.5	24.0
60	24.0	24.0	23.8	24.0
90	24.0	24.0	24.0	24.0
120	24.0	24.0	24.0	24.0
水质情况	较清	较清	乳白	较清
界面情况	齐	齐	齐	齐
挂壁情况	微	微	挂	微

与表2-34相比，加入破乳剂后，油水分离速率加快，脱出水水质变好。

2）降解后的HPAM对原油乳状液稳定性的影响

为了模拟现场条件下的HPAM对原油乳状液稳定性的影响，将HPAM溶液加热降解，用黏度法测定其黏均相对分子质量为245万，考察不同质量浓度降解HPAM对原油乳状液稳定性的影响。实验条件为：原油乳状液80mL，其中含水量为24mL，温度为55℃。结果见表2-36。

表2-36 降解后不同质量浓度HPAM对原油乳状液破乳脱水的影响

时间（min）	脱水量(mL)						
	50mg/L	100mg/L	150mg/L	200mg/L	250mg/L	300mg/L	空白
0	0	0	0	0	0	0	0
10	11.1	9.6	9.1	9.0	8.8	8.6	20
20	18.3	16.1	15.6	15.3	14.5	13.5	23.8
30	23.0	20.9	20.9	19.8	18.9	18.1	24.0
45	24.0	24.0	23.8	23.5	23.0	23.1	24.0
60	24.0	24.0	24.0	24.0	24.0	23.8	24.0
90	24.0	24.0	24.0	24.0	24.0	24.0	24.0
水质情况	较清	较清	浊	浊	浊	浊	较清
界面情况	齐	齐	齐	齐	齐	齐	齐
挂壁情况	挂	微	微	微	微	微	微

由表2-36可知，所有体系都形成了O/W型乳状液，大约60min内油水基本分离完全。表明孤二联原油与不同质量浓度的降解HPAM在振荡200次以后能形成不稳定乳状液。与

表2-34相比可以发现，在相同的实验条件下，降解后的HPAM对原油乳状液稳定性的贡献要大于未降解的HPAM，并且随着HPAM质量浓度的增大，原油乳状液越来越稳定，水相颜色越来越深。这表明HPAM对原油乳状液稳定性的影响与其分子结构和相对分子质量有关。

在上述实验条件下，于上述体系中加入100mg/L的破乳剂，振荡200次，进行破乳脱水实验，结果见表2-37。

表2-37 不同质量浓度的降解HPAM对原油乳状液破乳脱水的影响（加破乳剂）

时间（min）	脱水量（mL）						
	50mg/L	100mg/L	150mg/L	200mg/L	250mg/L	300mg/L	空白
0	0	0	0	0	0	0	0
10	12.1	11.6	10.6	9.8	9.6	9.5	20
20	18.9	18.7	17.1	16.6	16.3	15.5	23.8
30	23.8	23.2	22.9	21.9	20.8	20.9	24.0
45	24.0	24.0	24.0	23.9	23.5	23.0	24.0
60	24.0	24.0	24.0	24.0	24.0	24.0	24.0
90	24.0	24.0	24.0	24.0	24.0	24.0	24.0
水质情况	较清	较清	较清	乳白	浊	浊	较清
界面情况	齐	齐	齐	齐	齐	齐	齐
挂壁情况	挂	微	微	微	挂	挂	微

由表2-37可知，降解的HPAM严重影响了脱水的水色，在其他条件相同的情况下，随着降解HPAM质量浓度的增加，乳状液的稳定性增加，且水混浊。振荡200次形成的原油乳状液稳定性不是很好，脱水较容易。

用分光光度计测定了上述体系水相的透光率，结果见图2-36。

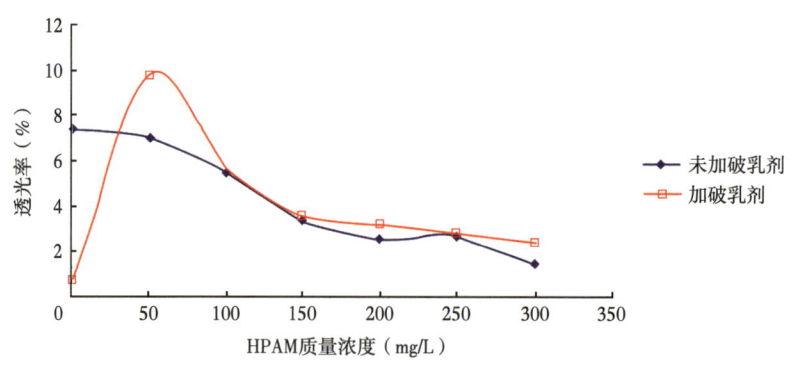

图2-36 HPAM对原油乳状液脱水水相透光率的影响

由图2-36可知，加入破乳剂之后分离出的水比未加破乳剂的含油少，更透明。但随着HPAM质量浓度的增加，脱出的水透光率越来越小，水质越来越混浊，表明HPAM严重影响了脱出水的水质。

比较表2-34和表2-36可知，当HPAM降解后，相对分子质量降低，水解度增大，原油乳状液的稳定性增强。这可能与 HPAM 降解后，分子链缩短，桥连作用减弱有关，从而使原油乳状液稳定性增强。

2.NaCl 对原油乳状液稳定性的影响

在含有 20mL 原油的具塞量筒内加入不同质量浓度的 NaCl 水溶液 24mL，得到 80mL 的混合物，振荡 200 次观察乳状液分层情况，记录水相体积变化情况。结果见表 2-38。

表 2-38 不同质量浓度的 NaCl 对原油乳状液稳定性的影响

时间（min）	脱水量 (mL)						
	500mg/L	1000mg/L	2000mg/L	5000mg/L	10000mg/L	20000mg/L	空白
0	0	0	0	0	0	0	0
20	17.8	18.1	18.5	19.2	19.8	20.3	23.3
30	20.9	21.0	21.3	22.4	22.8	23.1	23.8
50	22.7	22.8	22.8	23.1	23.6	23.9	24.0
60	23.9	23.9	24.0	24.0	24.0	24.0	24.0
90	24.0	24.0	24.0	24.0	24.0	24.0	24.0
120	24.0	24.0	24.0	24.0	24.0	24.0	24.0
水质情况	较清	较清	较清	较清	清	清	较清
界面情况	齐	齐	齐	齐	齐	齐	齐
挂壁情况	挂	微	微	微	挂	挂	微

由表 2-38 可知，随着 NaCl 质量浓度的增加，脱出水的体积增大，表明原油乳状液的稳定性减弱，说明 NaCl 对原油乳状液的稳定是不利的。

3. 膨润土对原油乳状液稳定性的影响

在上述实验条件下，考察膨润土对原油乳状液稳定性的影响，实验结果见表 2-39。

表 2-39 不同质量浓度的膨润土对原油乳状液破乳脱水的影响

时间（min）	脱水量（mL）					
	20mg/L	50mg/L	100mg/L	200mg/L	300mg/L	空白
10	15.8	15.2	14.9	14.9	15.4	20
20	17.5	16.8	16.9	17.1	17.6	23.8
30	20.3	19.9	19.2	19.4	20.7	24.0
40	22.3	22.3	21.9	22.3	22.8	24.0
50	23.8	23.9	23.8	23.7	23.9	24.0
60	24.0	24.0	24.0	24.0	24.0	24.0
90	24.0	24.0	24.0	24.0	24.0	24.0
水质情况	乳白	浊	较清	较清	清	清
界面情况	齐	齐	齐	齐	齐	齐
挂壁情况	挂	微	微	微	微	挂

由表 2-39 可知，膨润土质量浓度由 20mg/L 增加到 100mg/L 时，膨润土使乳状液越来越稳定。当质量浓度大于 200mg/L 时，乳状液变得不稳定，很快就分层，表明体系中含有

过多膨润土颗粒时，多余的颗粒反而使乳状液稳定性降低。

4.NaCl 和 HPAM 共同作用对原油乳状液稳定性的影响

固定 HPAM 的质量浓度为100mg/L，考察不同质量浓度的 NaCl 对乳状液稳定性的影响，结果见图2-37。

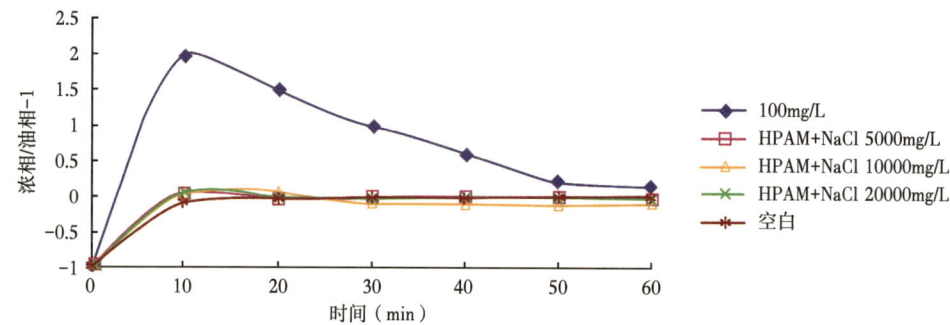

图 2-37　HPAM 和不同质量浓度的 NaCl 影响乳状液浓相体积分数与时间的关系

100mg/L 为仅含 HPAM，空白为原油；油相体积是指在混合乳状液时的含油量，
一般为固定值10mL，浓相是指在加入 HPAM 振荡并恒温分层时的界面上层（含油量越来越多）

从图2-37可以看出，仅含有 HPAM 的乳状液比较稳定，而加入 NaCl 的乳状液迅速分层，其（浓相/油相-1）值很快就趋近于0，并且随着 NaCl 质量浓度的增加，乳状液分层速度加快，这也充分说明 NaCl 在一定程度上加快乳状液的油水分离。

在上述实验条件下，在上述体系中加入100mg/L 的破乳剂，振荡200次，进行破乳脱水实验，结果见表2-40。

表 2-40　HPAM 和 NaCl 共同作用对乳状液破乳脱水的影响

时间 （min）	脱水量（mL）				
	HPAM	HPAM+5000mg/L NaCl	HPAM+10000mg/L NaCl	HPAM+20000mg/L NaCl	空白
0	0	0	0	0	0
20	16	18.1	18.9	19.2	19.5
40	18.1	18.9	19.4	19.7	19.9
60	18.5	19.3	19.8	20.0	20.0
90	18.6	20.0	20.0	20.0	20.0
120	18.8	20.0	20.0	20.0	20.0
150	19.0	20.0	20.0	20.0	20.0
180	19.9	20.0	20.0	20.0	20.0
水质情况	较清	清	清	清	较清
界面情况	齐	较齐	较齐	齐	较齐
挂壁情况	微	微	微	微	挂

注：HPAM 质量浓度为 100mg/L，空白为原油。

由表2-40可以看出，未加 NaCl 时脱水相对少而且慢，随着 NaCl 质量浓度的增加，脱水量也增加；与仅含有 HPAM 的乳状液相比，加入 NaCl 后，脱出水的水质变好。

5.NaCl 和膨润土共同作用对原油乳状液稳定性的影响

NaCl 质量浓度为 10000mg/L，膨润土质量浓度为 20~200mg/L，NaCl 和膨润土共同作用结果见图 2-38。

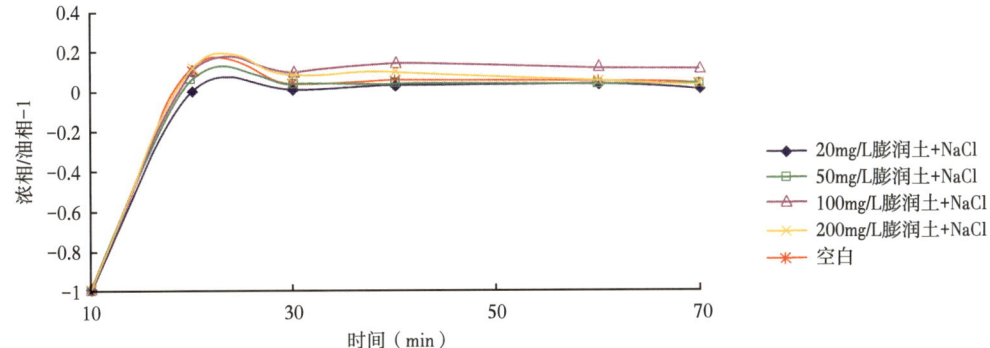

图 2-38　NaCl 和膨润土影响原油乳状液浓相体积分数与时间的关系

空白为原油；油相体积是指在混合乳状液时的含油量，一般为固定值 10mL，浓相是指在加入 NaCl 等振荡并恒温分层时的界面上层（含油量越来越多）

由图 2-38 可以看出，当 NaCl 含量固定时，在膨润土质量浓度从 20mg/L 到 100mg/L 的范围内，乳状液的稳定性增加，但 NaCl 的加入，使膨润土对乳状液的稳定性贡献削弱。

加入质量浓度为 100mg/L 的破乳剂，振荡 200 次，30min 记录脱水量、界面状况和挂壁情况，结果见表 2-41。

表 2-41　NaCl 和膨润土共同作用时原油乳状液破乳脱水的影响

时间 （min）	脱水量（mL）				空白
	20mg/L 膨润土 +NaCl	50mg/L 膨润土 +NaCl	100mg/L 膨润土 +NaCl	200mg/L 膨润土 +NaCl	
0	0	0	0	0	0
30	33.8	33.3	34	34.1	34
60	33.8	33.7	34.3	34.6	35
90	34	34	34.5	34.8	35
120	34.1	34.3	34.7	35	35
150	35	35	35	35	35
180	35	35	35	35	35
水质情况	清	清	清	较清	清
界面情况	齐	齐	齐	较齐	齐
挂壁情况	无	无	无	微	无
理论含水量（mL）	35	35	35	35	35

注：NaCl 质量浓度为 10000mg/L。

由表 2-41 可知，膨润土对乳状液稳定性的影响在一定范围内和 HPAM 对乳状液稳定性的影响类似，所以膨润土和 NaCl 对乳状液共同作用时，由于 NaCl 的存在，膨润土对乳状液的稳定作用有所削弱。

6. 膨润土和HPAM共同作用对原油乳状液稳定性的影响

HPAM质量浓度为100mg/L，膨润土质量浓度由20mg/L增加到200mg/L，两者共同作用的结果见表2-42。

表2-42 HPAM和膨润土对乳状液稳定性的影响

时间 （min）	脱水量(mL)				
	20mg/L 膨润土 + HPAM	50mg/L 膨润土 + HPAM	100mg/L 膨润土 + HPAM	200mg/L 膨润土 + HPAM	空白
10	20.1	19.1	18.0	19.2	26.9
30	23.7	21.1	20.7	21.7	28.9
60	29.0	27.9	26.7	28.1	30.0
90	30.0	30.0	30.0	30.0	30.0
120	30.0	30.0	30.0	30.0	30.0
水质情况	清	较清	较清	较清	清
界面情况	齐	齐	齐	齐	齐
挂壁情况	挂	无	微	无	微
理论含水量（mL）	30	30	30	30	30

注：HPAM质量浓度为100mg/L。

由表2-42可知，HPAM对膨润土影响原油乳状液的稳定性规律基本没有影响，但二者共同存在的结果是乳状液的稳定性增强。

三、污水组分对乳状液稳定性的影响

含聚污水中含有强、弱极性组分和HPAM、固体颗粒以及无机离子等。这些成分的作用以及它们之间的相互作用造成了采出水含油量高，难破乳。因此在系统分析含聚污水组成的基础上，考察各组分及亚组分对乳状液的稳定作用，找出影响含聚污水难破乳的主要因素及解决对策，有助于对症下药及合成新型的水处理剂，从而解决污水中含油量高的问题。

（一）污水中有机物各亚组分的乳化性能

1. 单亚组分的乳化性能研究

1）不同单亚组分与去离子水的乳化情况比较

乳状液的稳定性可以用不同沉降时间时下层水相的透光率来衡量，透光率越大，说明乳状液越不稳定。图2-39为单亚组分随质量浓度变化的乳化效果图（沉降时间为90min）。

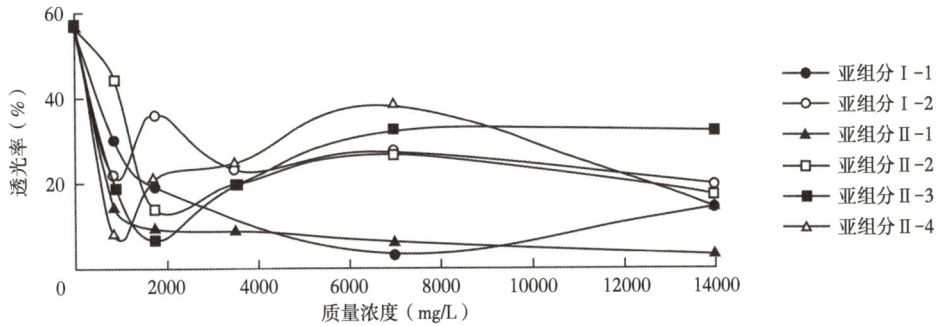

图 2-39 不同质量浓度单亚组分的乳化性能比较

不同浓度单亚组分的乳化实验结果表明，某些亚组分的乳化能力对浓度的依赖性很强，而另一些亚组分的乳化能力对浓度的依赖性不大。因此，对浓度依赖性强的亚组分含量变化，将导致乳状液稳定性发生较大的变化。具体结果见表 2-43。

表 2-43 不同亚组分（孤二联）在污水中的含量及相对乳化能力

亚组分	在污水中含量（mg/L）	相对乳化能力	乳化情况对含量的敏感程度
I-1	589	较强	敏感
I-2	920	较弱	不敏感
II-1	577	强	敏感
II-2	888	较强	不敏感
II-3	228	强	敏感
II-4	73.3	强	敏感

2）pH 值对单亚组分乳化稳定性的影响

pH 值变化时，乳状液中活性物质的存在状态有变化，这会直接影响乳状液的稳定性，具体结果见图 2-40。

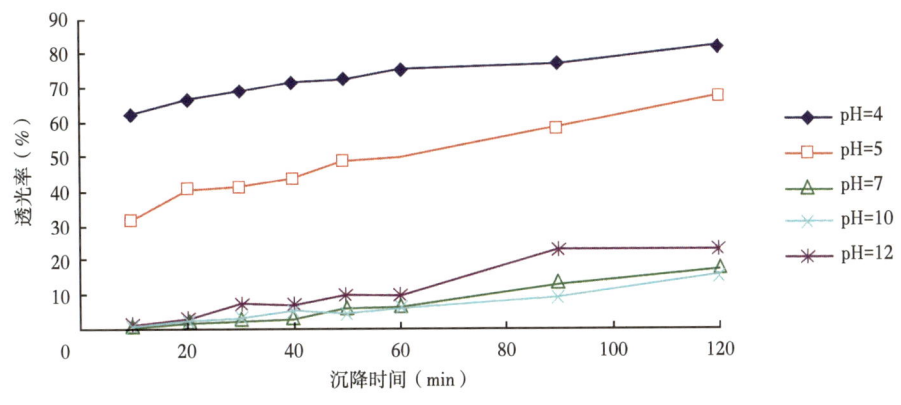

图 2-40 pH 值对亚组分 II-1 乳化稳定性的影响

图2-40的结果说明，水相的pH值对亚组分的乳化能力影响很大。酸值高的亚组分对pH值的依赖性更强些，但当pH=7时，这种差别基本被拉平。说明其他亚组分中的弱酸性物质也起了很强的乳化作用。

3）矿化度对单亚组分乳化稳定性的影响

图2-41的结果说明，pH=7时乳化活性亚组分Ⅱ-1的强乳化能力可以被电解质所抑制。

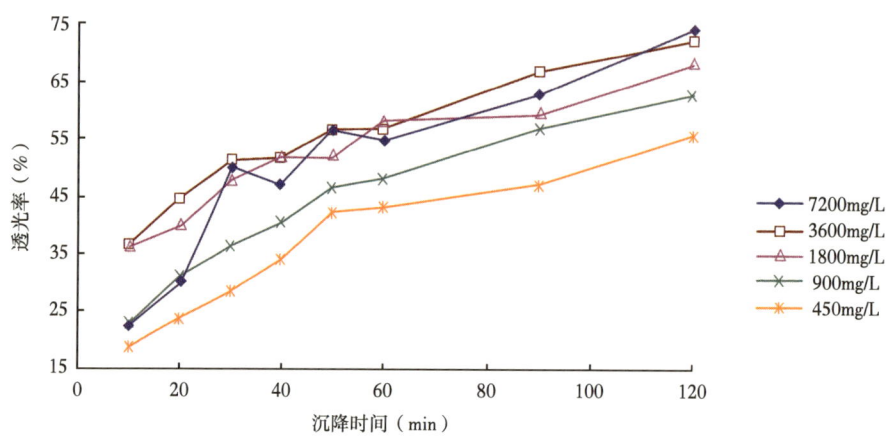

图2-41　矿化度对亚组分Ⅱ-1乳化稳定性的影响

4）降解HPAM对单亚组分乳化稳定性的影响

图2-42的结果表明，污水中降解HPAM（相对分子质量为226万，水解度为30.1%）质量浓度超过200mg/L后，乳状液变得很稳定。一方面是由于HPAM增加了水膜强度，另一方面HPAM的存在大幅度增加了水相的黏度。水相黏度数据见表2-44。

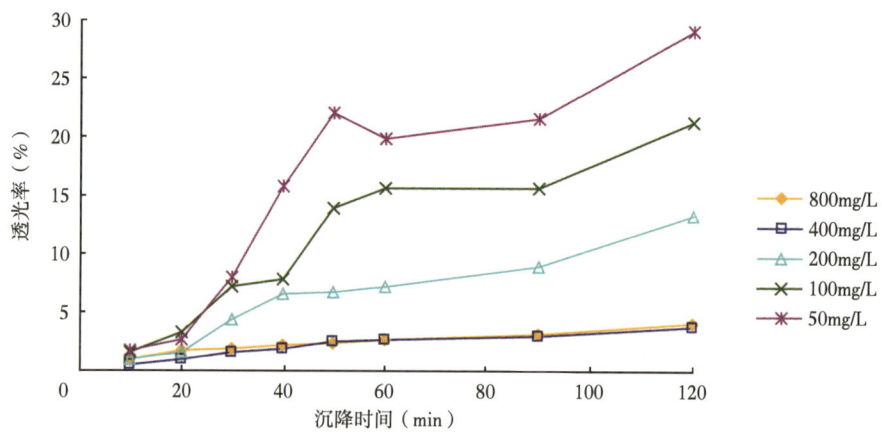

图2-42　HPAM含量对亚组分Ⅱ-1乳化稳定性的影响

表 2-44 不同质量浓度 HPAM 水样的黏度（pH=7）

HPAM 质量浓度（mg/L）	800	400	200	100	50
黏度（mPa·s）	2.2493	2.1260	1.9303	1.8155	1.5134

5）矿化度及 pH 值对单亚组分乳化稳定性的影响

pH 值较低时，乳状液稳定性较差，pH 值大于 7 后，矿化度对乳状液的破乳作用不明显。图 2-43 的结果说明，pH 值对乳状液稳定性的影响远大于矿化度的影响。

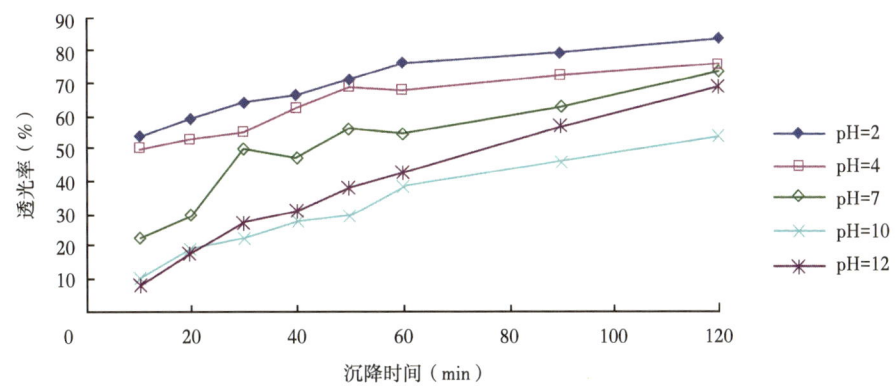

图 2-43 高矿化度下（7200mg/L）pH 值对亚组分Ⅱ-1 乳化稳定性的影响

6）pH 值及降解 HPAM 对单亚组分乳化稳定性的影响

图 2-44 的结果说明，降解 HPAM 存在时，乳状液的稳定性对 pH 值的依赖性更大。

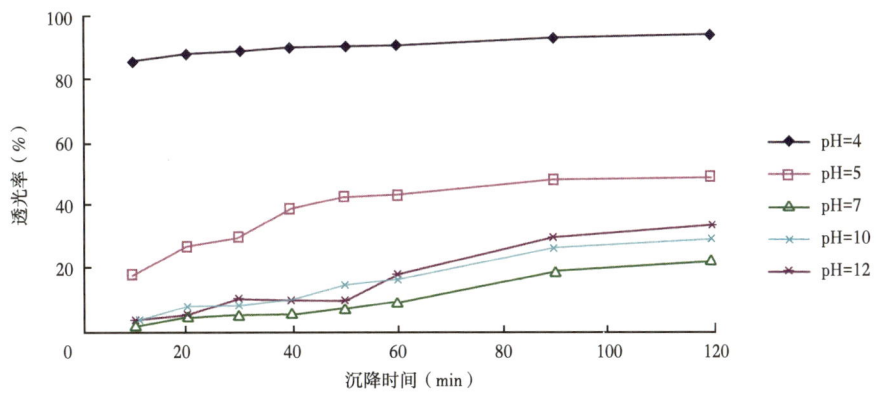

图 2-44 pH 值对含 HPAM（50mg/L）的亚组分乳状液稳定性的影响

7）矿化度及降解 HPAM 对单亚组分乳化稳定性的影响

图 2-45 的结果表明，矿化度对含降解 HPAM 乳状液的破乳有一定贡献，但不大，尤其当降解 HPAM 的质量浓度高于 200mg/L 以后。在高矿化度（7200mg/L，pH=7）条件下，HPAM 质量浓度变化对水样的黏度影响不大（表 2-45）。

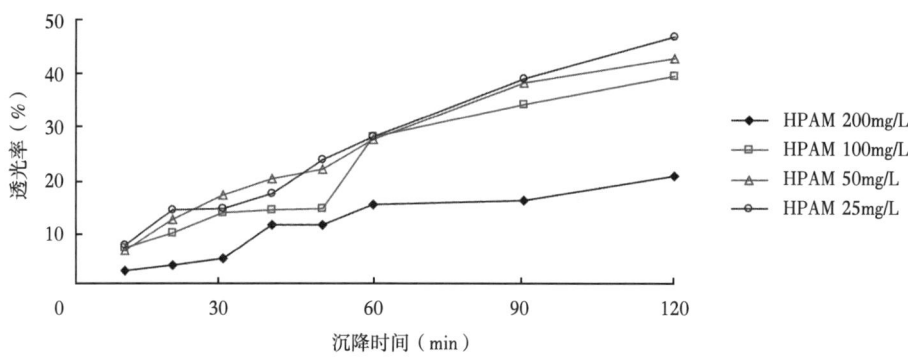

图 2-45 高矿化度（7200mg/L）下 HPAM 质量浓度对亚组分Ⅱ-1 乳状液稳定性的影响

表 2-45 矿化度恒定（7200mg/L，pH=7）时不同质量浓度 HPAM 水样的黏度

HPAM 质量浓度（mg/L）	200	100	50	25
黏度（mPa·s）	1.4877	1.4878	1.1763	1.1677

8）矿化度、pH 值及 HPAM 对单亚组分乳化稳定性的影响

pH 值和降解 HPAM 是影响乳状液稳定性的两个关键因素，矿化度也有一定影响，但在含有 200mg/L 以上的降解 HPAM 溶液中，矿化度的影响基本显示不出来（图 2-46、表 2-46）。孤二联污水的矿化度为 7200mg/L，降解 HPAM 质量浓度为 250~300 mg/L，pH 值为 7.85，均在乳化程度最强的区间内，因此孤二联污水稳定性很强。

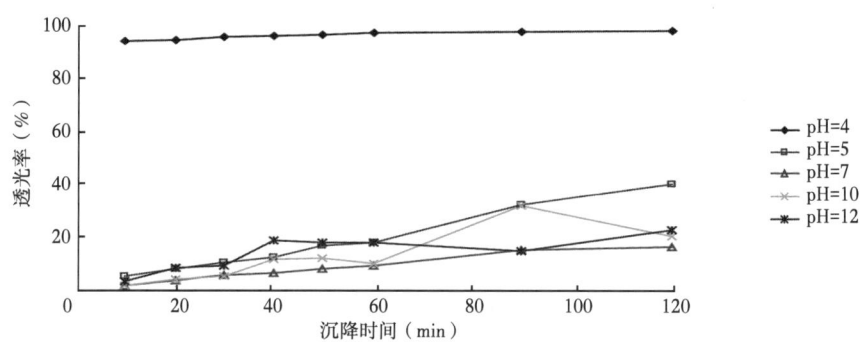

图 2-46 pH 值对含 HPAM（200mg/L）的亚组分乳状液稳定性的影响（矿化度为 7200mg/L）

表 2-46 不同 pH 值的含 HPAM（200mg/L）水样（矿化度 7200mg/L）的黏度

pH 值	4	5	7	10	12
黏度（mPa·s）	1.1301	1.4101	1.4877	1.4961	1.5002

2. 水中有机物亚组分之间的协同作用对乳状液稳定性的影响

选取乳化活性较强的亚组分Ⅱ-1、亚组分Ⅱ-3 和亚组分Ⅱ-4 及乳化活性较弱的亚组

分Ⅰ-2，考察它们之间的相互作用对乳状液稳定性的影响，见图2-47。

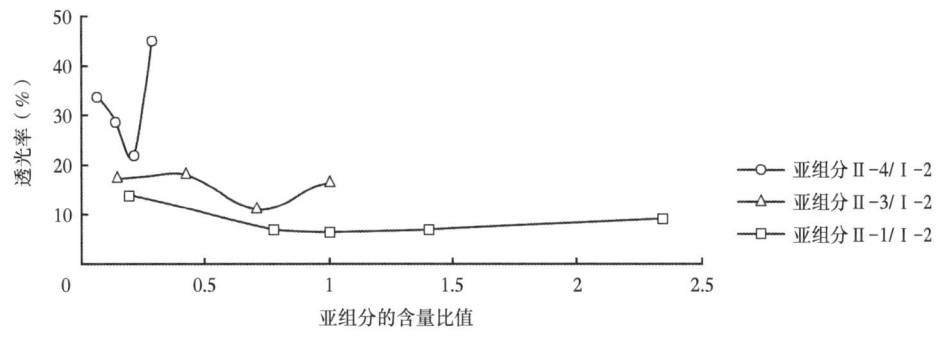

图2-47　亚组分共存对乳状液稳定性的影响

由图2-47可知，在一定浓度范围内，乳化活性较弱的亚组分Ⅰ-2对乳化活性较强的亚组分的乳化有一定抑制作用。尽管亚组分Ⅱ-3、Ⅱ-4的乳化能力较强，但由于这两个亚组分在污水中的含量相对较低，所以，含量较高的高酸值乳化活性亚组分Ⅱ-1是导致污水含油量高、稳定性强的主要活性亚组分。

综上所述，污水中有机物亚组分的乳化活性不同。由强极性组分（Ⅱ）分成的四个亚组分的乳化活性均比由弱极性组分（Ⅰ）所得的两个亚组分的乳化活性强，这也是强极性组分（Ⅱ）含量高是污水中含油量高的重要证据。污水中的HPAM对乳状液的稳定性影响很大，HPAM质量浓度超过200mg/L后，乳状液变得很稳定。水相pH值对乳状液稳定性影响更大，pH值为7~8时乳状液最稳定；pH值为4时，活性组分的乳化能力很低。乳化活性强的亚组分与乳化活性相对较弱的亚组分共存时，乳化活性较弱的亚组分对乳化活性强的亚组分的乳化能力有一定的抑制作用。

（二）污水中有机物亚组分对水处理剂性能的影响

要想从根本上解决污水含油量高的问题，除了系统分析含油污水的组成，研究污水中油的各组分的乳化性能及污水中其他成分对油水乳状液稳定性的影响外，还必须深入研究水中油的各组分与水处理剂之间的相互作用以及污水中其他成分对处理效果的影响，为水处理剂的选择提供一定的理论依据。

1. 各亚组分对不同处理剂的敏感度

为研究各亚组分对不同处理剂的敏感程度，选取了五种不同类型、不同相对分子质量、不同结构的处理剂对各亚组分进行絮凝试验，结果如图2-48所示。其中，CP系列相对分子质量较大，DP系列相对分子质量较小；CP-1、DP-1阳离子度较高；DP-5极性官能团含量高；CP-4为阴离子型的。五种处理剂的性质见表2-47。

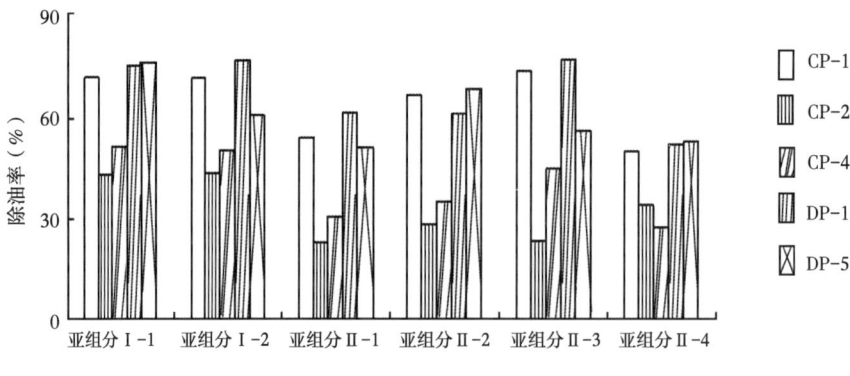

图 2-48　各亚组分对不同处理剂的敏感度

表 2-47　五种不同类型处理剂的性质

处理剂	CP-1	CP-2	CP-4	DP-1	DP-5
离子度（%）	40~50	20~30	35~40	100	100
相对分子质量	≥ 200 万	≥ 500 万	≥ 300 万	≈ 3000	≈ 4000
类型	阳离子型	阳离子型	阴离子型	阳离子型	多胺类

由图 2-48 可以看出，高阳离子度的处理剂 CP-1、DP-1 及 DP-5 对各亚组分所形成的乳状液都有很好的除油效果，而较低阳离子度的 CP-2 和阴离子型的 CP-4 对各亚组分的处理效果都不明显。因此，处理剂的阳离子度高、极性官能团含量高是决定带负电荷的油滴聚并的关键因素。对同种处理剂而言，亚组分Ⅱ-1 和亚组分Ⅱ-4 所形成的乳状液更难处理。

2. 同一亚组分对不同结构、低相对分子质量处理剂的敏感度研究

DP 系列为不同端基、不同相对分子质量的低相对分子质量阳离子处理剂，选用不同的 DP 处理剂对同一亚组分进行破乳絮凝试验，选出 DP 系列中除油效果最好的处理剂。

由图 2-49 和图 2-50 可以看出，对于单亚组分来说，这些低相对分子质量的阳离子处理剂效果都比较好。因为其属于阳离子型微粒，破乳絮凝作用主要是因为聚合物分子内含有大量的表面正电荷或强极性基团，具有很多反应活性点，显示出更好的破乳絮凝性能。

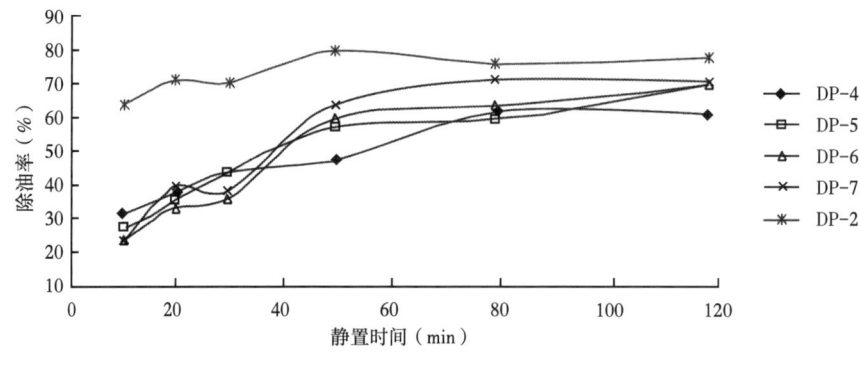

图 2-49　亚组分Ⅱ-1 对 DP 系列的敏感度

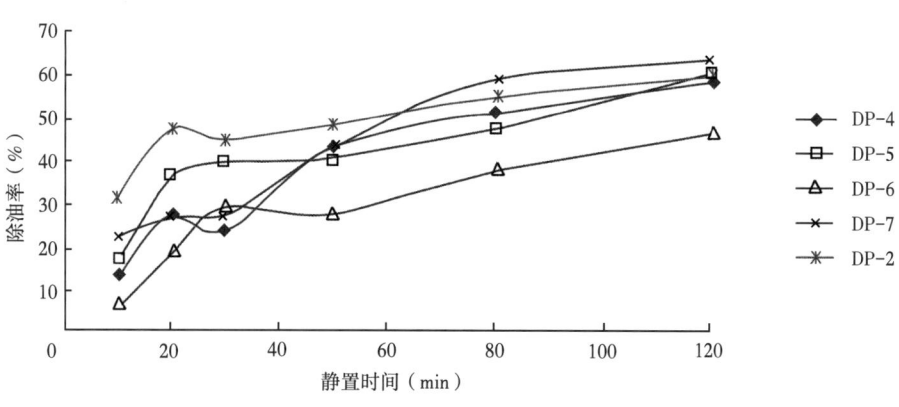

图 2-50 亚组分 Ⅱ-4 对 DP 系列的敏感度

3. 降解 HPAM 对不同处理剂作用效果的影响

污水中残留的降解聚丙烯酰胺和吸附在油滴表面上的具有界面活性的物质（乳化活性物质）导致聚合物驱含油污水油水乳状液稳定性增强，同时，由于阴离子型聚合物 HPAM 的存在，严重干扰了常规絮凝剂（如聚合铝等）的使用效果，使絮凝作用变得很差。研究对比几种有机水处理剂对活性亚组分 Ⅱ-1 与降解 HPAM 水溶液所形成乳状液的处理效果，结果见图 2-51。

图 2-51 的结果表明，降解 HPAM 存在时，阳离子型高相对分子质量处理剂 CP-1 和 CP-2 的作用效果较好，相对分子质量较小的阳离子型聚合物 DP-5 的作用效果变差，阴离子型的 CP-4 反而起稳定作用。主要是因为阳离子型高分子聚合物具有较强的电中和作用和较强的桥连作用，所以处理效果好。因此，对于含有降解 HPAM 的含聚污水，处理剂的阳离子度和相对分子质量是影响处理效果的关键因素。

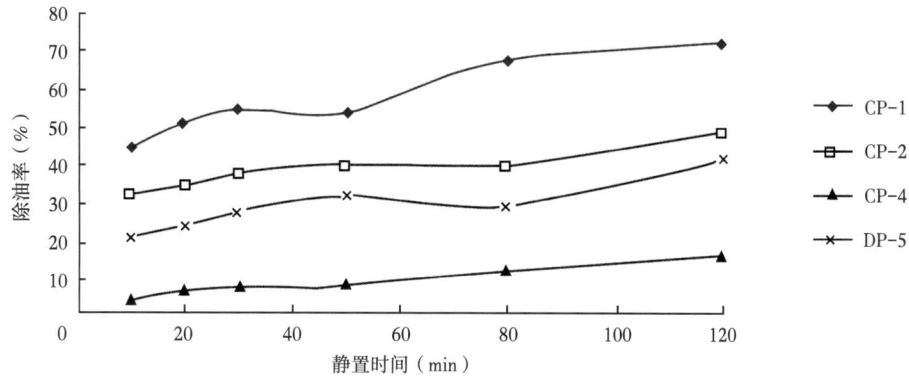

图 2-51 HPAM 对亚组分 Ⅱ-1 所形成乳状液除油效果的影响

水相 HPAM 含量：200mg/L

4. 阳离子聚丙烯酰胺对模拟乳状液的絮凝性能

由前面的研究可知，影响高分子处理剂除油效果的主要因素是处理剂的阳离子度，因此，下面的实验主要考察了不同高相对分子质量阳离子聚合物对乳化活性亚组分所形成的模拟乳状液的破乳絮凝效果，对比不同活性亚组分与同一阳离子聚合物的不同作用及同一活性亚组分与不同阳离子聚合物的作用差别，找出规律，指导实际含油污水的絮凝研究。

1）阳离子聚合物的性质对亚组分Ⅱ-1所形成乳状液稳定性的影响

（1）聚合物阳离子度对絮凝效果的影响。

聚合物阳离子度对絮凝剂絮凝效果起着极其重要的作用。选取相对分子质量为300万的不同阳离子度聚合物，在相同条件下测定其絮凝效果，实验结果如图2-52所示。

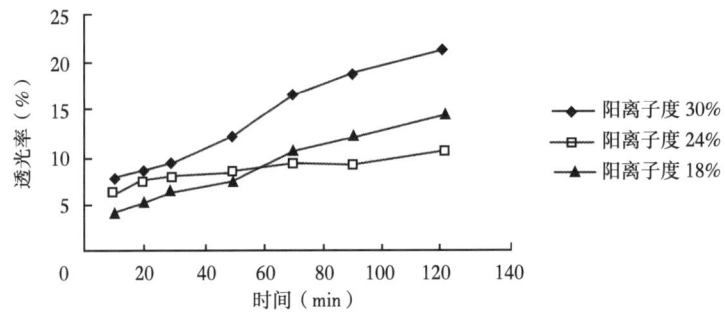

图2-52 不同阳离子度聚合物的絮凝效果

由图2-52可以看出，在实验范围内，阳离子度越大，絮凝效果越好。这是由于随着阳离子度的增大，高分子链中所含正电荷的比率变大，其对污水中带负电的胶体颗粒的桥连和电中和作用随之增强，絮凝效果愈加明显。但是含官能团的量要适中，含量太高，絮凝剂电荷密度大，絮凝剂成本高；含量太低，电荷密度过低，电中和效果不好，影响絮凝效果。

（2）聚合物相对分子质量对絮凝效果的影响。

从一定意义上来说，聚合物的相对分子质量对絮凝效果起着决定性作用。选取阳离子度相同，相对分子质量各为300万、500万和800万的CPAM，测定其絮凝效果，实验结果如图2-53所示。

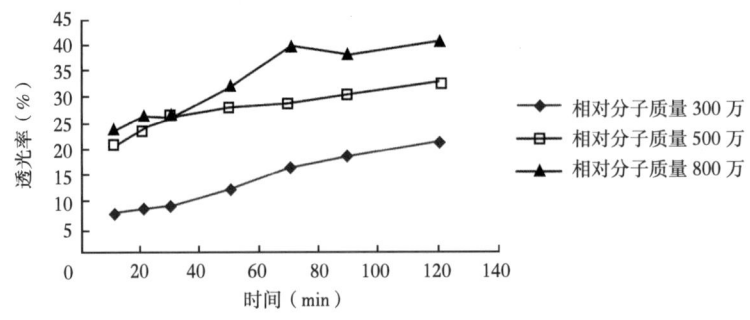

图2-53 不同相对分子质量聚合物的絮凝效果

由图2-53可知，在实验范围内，随着相对分子质量的增加，絮凝效果越来越好。

一般来说，絮凝剂的相对分子质量越大，高分子链就越长，体积也越大，对胶体颗粒捕集及桥连的作用几率也越大，絮凝效果也就越好，但是考虑到生产成本的因素以及生产工艺的限制，絮凝剂相对分子质量不可能太大。

综合以上数据可以得出，相对分子质量为800万的CPAM絮凝效果是所制备絮凝剂中最好的。

2）水相性质对阳离子聚丙烯酰胺絮凝效果的影响

（1）水相pH值对絮凝效果的影响。

选取实验中得到的效果较理想的相对分子质量为800万的CPAM作为絮凝剂，分别测定其在pH=4、pH=7、pH=10的条件下，对亚组分Ⅱ-1所形成乳状液的絮凝效果，实验结果如图2-54所示。

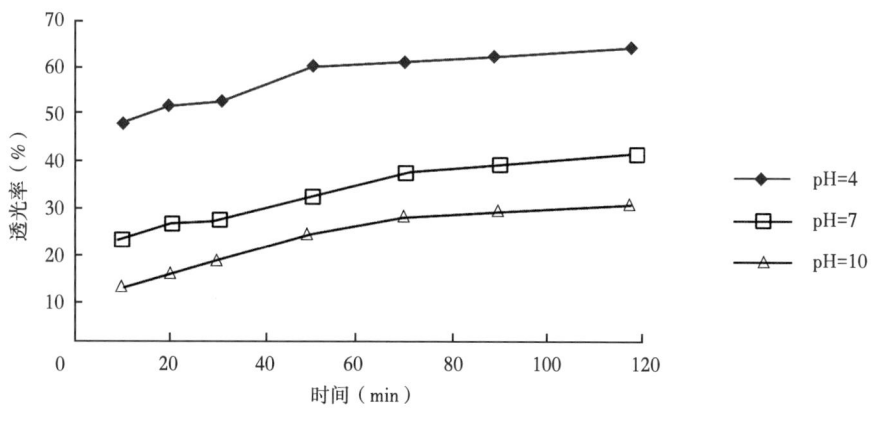

图2-54 pH值对絮凝效果的影响

由图2-54可知，pH=4时絮凝效果最好。

亚组分Ⅱ-1中含有较多石油酸，酸性条件下，石油酸以RCOOH形式存在，表面活性较弱，亲油性较强，有利于乳状液的破乳。其次，无机酸本身具有电中和作用，可以起酸化破乳作用。因此，pH值较低时絮凝效果较好。但是现场一般采用中性偏碱性条件下投加絮凝剂，主要是为了避免酸给设备带来的腐蚀问题。

（2）水相矿化度对絮凝效果的影响。

为了考察无机盐对絮凝效果的影响，选取相对分子质量为800万的CPAM作为絮凝剂，分别采用矿化度为7200mg/L、3600mg/L、1800mg/L、900mg/L的盐水配制乳状液，测定其絮凝效果，实验结果如图2-55所示。

由图2-55可知，在矿化度为900 mg/L的时候，絮凝效果最好。

从理论上来说，矿化度越高，盐对双电层的压缩作用越强，絮凝体较易脱稳絮凝，但实验所得出的结论与之不符，原因有待进一步研究。

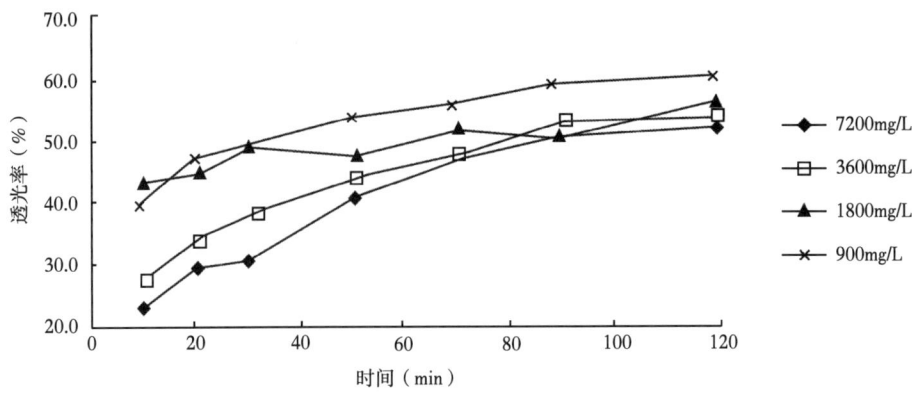

图 2-55 矿化度对絮凝效果的影响

（3）降解 HPAM 对絮凝效果的影响。

用不同质量浓度的降解 HPAM（相对分子质量为 300 万，水解度为 30.1%）水溶液与活性亚组分Ⅱ-1制成乳状液（pH=7），考察水相中 HPAM 质量浓度对阳离子聚丙烯酰胺絮凝效果的影响，实验结果如图 2-56 所示。

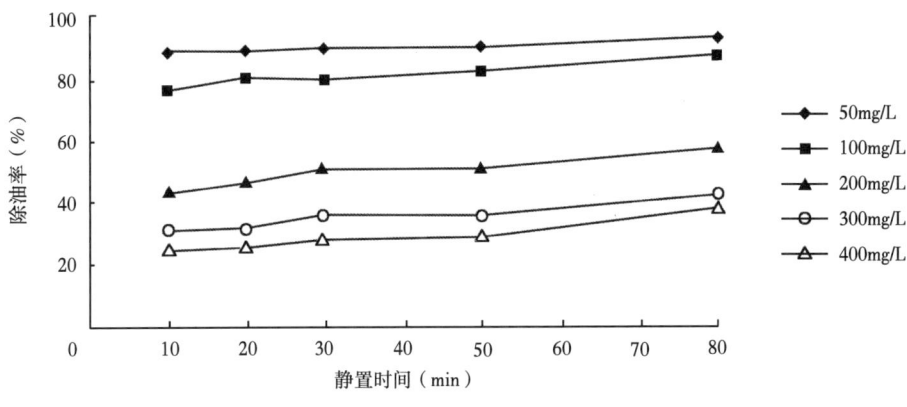

图 2-56 HPAM 对絮凝效果的影响

由图 2-56 可知，水相 HPAM 质量浓度增加，不利于乳状液的破乳絮凝。尤其当水相 HPAM 质量浓度超过 100mg/L 以后，处理剂的处理效果明显降低。

这主要是由于 HPAM 的存在增大了水相黏度及水膜强度，使 O/W 型乳状液的稳定性增加，不利于破乳。同时 HPAM 分子中的—COO—会抵消阳离子絮凝剂中的正电荷，要想达到同样的处理效果，必须增加絮凝剂的用量，这也是含聚污水所需药剂量大的原因。

上述研究表明，水处理剂的作用效果除与水处理剂性质有关外，与污水组成（如有机物组分含量及 HPAM 含量）关系也很大。对于不含聚污水，不同相对分子质量、高阳离子度（阳离子度大于 40%）的处理剂效果都较好；但对于含聚污水，必须使用阳离子度较高（大于 30%）且相对分子质量较大（大于 200 万）的有机高分子聚合物作为水处理剂。

污水中降解 HPAM 含量对处理剂的作用效果影响也较大，HPAM 质量浓度低于 100mg/L 时，污水中含油量一般相对较低，阳离子水处理剂作用效果较好（但如果含油量很高，如超过 2000mg/L 时，应配合使用清水型破乳剂）；HPAM 质量浓度为 100~200mg/L 时，处理效果变差；HPAM 质量浓度大于 300mg/L 后，很难处理，必须加大处理剂的用量。

第四节 破乳剂研究

一、原油乳状液组成对破乳剂破乳性能的影响

通过系统研究采出液组成对乳状液稳定性的影响，确定了影响原油乳状液稳定性的主要因素为：沥青质、胶质、油分、聚丙烯酰胺等。

为研究原油乳状液组成对破乳剂破乳性能的影响，界定了不同物性原油乳状液的组成，采集了不同类型原油破乳剂，开展相应乳状液破乳实验，为乳状液组成与破乳剂结构类型关系图版的建立奠定了实验基础。

（一）模拟乳状液的制备方法

按沥青质/胶质/油分的不同质量比，制备质量分数为 1% 的原油组分煤油溶液，然后按原油组分煤油溶液与水的体积比为 4∶1 混合，在 3000r/min 的条件下搅拌 15min，制备模拟乳状液，备脱水实验用。

（二）破乳剂采集与分类

对采集的国内外各种破乳剂按起始剂类型、嵌段数量、相对分子质量、聚醚交联类型进行分类，结果见表 2-48 至表 2-50。

表 2-48 原油破乳剂按不同起始剂分类

起始剂种类	起始剂代表	破乳剂名称
多胺类	四乙烯五胺	API7041、AE9901、AE1901、WD-1
醇类	丙三醇	SP169、BZG-14、HK5501
树脂类	壬基酚	BS-71、XH-08A、XPI-01、TA1031

表 2-49 原油破乳剂按不同嵌段数分类

嵌段数	破乳剂名称
三嵌段	API7041、AE9901、WD-1、SP169、BZG-14、BS-71、XH-08A、XPI-01、TA1031
四嵌段	AE1901、HK5501

表 2-50 原油破乳剂按不同交联剂分类

交联剂	破乳剂名称
TDI	API7041、WD-1、BZG-14、XH-08A、XPI-01
月桂胺	AE9901、BS-71
非交联	AE1901、HK5501、SP169、TA1031

(三) 破乳实验条件

破乳剂评价方法:参照 SY5281 标准中的瓶试法,破乳剂质量浓度为 50mg/L,实验温度为 50℃,乳状液体积为 80mL,振荡后静置,读取不同时间出水量。

(四) 不同破乳剂对不同模拟乳状液的破乳实验

1. 单组分模拟乳状液的破乳实验

1) 不同破乳剂对油分模拟乳状液的破乳实验

由表 2-51 可以看出,空白乳液分层较快,出水量较大,这是由于油分的界面活性弱,形成的乳状液稳定性差。各类破乳剂脱水速度和效果均较好,观察水色和界面,AE1901 和 SP169 水色最清,界面最齐。说明以三嵌段的醇类为起始剂和四嵌段多胺类为起始剂的破乳剂对以油分为主的乳状液破乳效果最好。

表 2-51 油分质量分数为 1% 的单组分模拟液破乳实验结果

类型	破乳剂	不同时间出水量(mL)					最终水色	最终界面	挂壁情况	吸光度
		15 min	30 min	60 min	90 min	120 min	最终			
多胺类	API7041	13.3	15.4	15.9	16	16	16	较清	齐	不挂	0.15
	AE9901	14.2	15.5	16	16	16	16	较清	较齐	不挂	0.25
	AE1901	15.1	15.7	16	16	16	16	清	齐	不挂	0.11
	WD-1	14.6	15.4	15.9	16	16	16	较清	齐	不挂	0.23
醇类	SP169	14.8	15.5	16	16	16	16	清	齐	不挂	0.07
	BZG-14	14.3	15.4	15.9	16	16	16	清	较齐	不挂	0.14
	HK5501	13.8	15.3	15.8	16	16	16	较清	齐	不挂	0.23
树脂类	BS-71	14.1	15.2	15.9	16	16	16	清	齐	不挂	0.13
	XH-08A	14.3	15.3	16	16	16	16	较清	齐	不挂	0.21
	XPI-01	14.2	15.4	15.9	16	16	16	较清	齐	不挂	0.2
	TA1031	13	15.3	16	16	16	16	较清	齐	不挂	0.21
空白		10.9	14.1	15.8	15.9	16	16	较清	较齐	不挂	0.25

2) 不同破乳剂对胶质模拟乳状液的破乳实验

由表 2-52 可以看出,胶质形成的乳状液稳定性较强。破乳剂中以树脂类为起始剂的交联型破乳效果最好。观察水色和油水界面,破乳剂 BS-71 和 XH-08A 的效果最好,其次为 XPI-01 和 TA1031，说明以壬基酚和双酚 A 为起始剂的破乳剂对以胶质为主要乳化因素的乳状液破乳效果好，其次为多胺类交联破乳剂。

表 2-52　胶质质量分数为 1% 的单组分模拟液破乳实验结果

类型	破乳剂	不同时间出水量（mL）						最终水色	最终界面	挂壁情况	吸光度
		15 min	30 min	60 min	90 min	120 min	最终				
多胺类	API7041	4.5	9.3	12.3	13.7	15.3	16	较清	齐	微挂	0.33
	AE9901	4.1	8.8	12.9	13.8	15.4	15.8	清	较齐	不挂	0.18
	AE1901	4.7	9.1	12.2	13.1	14.5	15.9	较清	较齐	微挂	0.39
	WD-1	4.8	9.5	11.9	13.5	14.9	15.9	较清	齐	微挂	0.37
醇类	SP169	3.5	7.8	12.3	13.1	14.2	15.8	清	不齐	挂	0.16
	BZG-14	3.3	8.2	11.4	12.9	14	15.9	清	不齐	挂	0.19
	HK5501	3.7	8.5	11.1	12.1	14.3	15.9	较清	不齐	挂	0.29
树脂类	BS-71	5.3	11.7	14.4	15.7	15.9	16	清	齐	微挂	0.16
	XH-08A	5.1	11.9	14.6	15.8	15.9	16	清	不挂		0.15
	XPI-01	5.7	8.6	11.9	14.5	15.5	15.9	清	较齐	微挂	0.19
	TA1031	5.9	9.5	12.7	14.3	15.6	15.9	较清	齐	不挂	0.27
空白		2.6	6.1	9	10.6	12.1	15.1	乳白	不齐	挂	0.57

3）不同破乳剂对沥青质模拟乳状液的破乳实验

由表 2-53 可以看出，沥青质形成的乳状液很稳定。破乳剂中以多胺类为起始剂的交联型破乳效果最好。观察脱出水色和油水界面，以月桂胺为交联剂的三嵌段破乳剂 AE9901 的效果好于 API7041。说明以多乙烯多胺为起始剂、月桂胺为交联剂的破乳剂对以沥青质为主要乳化因素的乳状液破乳效果好。其次为树脂类破乳剂。

表 2-53　沥青质质量分数为 1% 的单组分模拟液破乳实验结果

类型	破乳剂	不同时间出水量（mL）						最终水色	最终界面	挂壁情况	吸光度
		15 min	30 min	60 min	90 min	120 min	最终				
多胺类	API7041	3.9	5.9	10.8	13.5	14.9	15.7	较清	较齐	微挂	0.31
	AE9901	4.1	6.5	11.8	13.9	15.1	16	较清	齐	微挂	0.28
	AE1901	3.2	5.1	9.1	11.9	13.7	15.6	较清	较齐	挂	0.39
	WD-1	3.2	5.5	9.7	12.3	14.5	15.8	较清	齐	微挂	0.41
醇类	SP169	1.7	3.9	6.1	9	11.5	14.3	乳白	较齐	挂	0.58
	BZG-14	1.3	3.7	5.9	9.4	11.6	15	乳白	齐	微挂	0.62
	HK5501	1.3	3.7	6	9.2	11.3	14.7	较清	不齐	挂	0.43
树脂类	BS-71	2.5	5.6	8.5	11.6	13.9	15.7	乳白	不齐	挂	0.66
	XH-08A	2.3	5	8.9	11.1	14.1	15.8	乳白	齐	挂	0.57
	XPI-01	2.9	5.1	8.3	10.8	13.8	15.5	较清	齐	微挂	0.36
	TA1031	3	5.3	8	10.9	13.3	15	乳白	较齐	不挂	0.69
空白		0.8	2	4.1	6	7.1	8.7	混浊	不齐	挂	0.78

2. 多组分模拟乳状液的破乳实验

通过原油、油分、胶质、沥青质模拟油的对比可以看出：三种组分配成的模拟油稳定性依次为：沥青质＞胶质＞油分，沥青质是影响原油乳状液稳定性最主要的活性组分，其界面活性最强。沥青质和胶质是影响原油乳状液稳定性的主要因素，油分的影响较小，而沥青质与胶质的比例、二者在原油中的含量不同，形成的乳状液稳定性有较大的差异。为此，考察了沥青质与胶质（二者的混合物称为活性组分）中沥青质占比不同、活性组分质量分数不同的模拟乳状液的破乳实验。

1）沥青质/活性组分为33.3%，活性组分质量分数不同的模拟乳状液破乳实验

实验中，油分的质量分数为1.0%，活性组分的质量分数分别为0.4%、0.6%、0.8%、1.2%。实验结果分别见表2-54至表2-57。

由表2-54可以看出，多组分模拟乳状液的稳定性与单组分的明显不同。对于活性组分质量分数为0.4%（活性组分的总量占油分、沥青质、胶质三者总量的28.6%，小于30%），沥青质占活性组分总量的33.3%的多组分模拟乳状液，以醇类为起始剂、TDI交联的破乳剂BZG-14的效果最好，破乳速度和界面情况均较好，其他以醇类为起始剂的破乳剂效果也较好；其次为树脂类破乳剂。

表2-54　沥青质/活性组分为33.3%，活性组分质量分数为0.4%的模拟液破乳实验

类型	破乳剂	不同时间出水量（mL）						最终水色	最终界面	挂壁情况	吸光度
		15 min	30 min	60 min	90 min	120 min	最终				
多胺类	API7041	2.9	5.9	9.8	11.6	13.9	15.7	较清	较齐	微挂	0.3
	AE9901	3.1	6.1	10.1	11.9	14.1	15.9	较清	齐	微挂	0.31
	AE1901	3.2	6.2	9.7	11.3	13.7	15.8	较清	较齐	不挂	0.39
	WD-1	3	5.8	9.7	11.3	13.6	15.8	乳白	齐	微挂	0.52
醇类	SP169	4.7	6.9	11.1	13	13.6	15.1	较清	不齐	微挂	0.28
	BZG-14	5.8	8.5	12.9	14.9	15.7	16	清	较齐	微挂	0.12
	HK5501	5.5	8.4	12.8	14.5	15.7	15.8	较清	较齐	微挂	0.36
树脂类	BS-71	4.5	7.6	11.5	13.6	14.8	15.7	清	较齐	微挂	0.19
	XH-08A	4.3	7	11.2	13.1	14.9	15.8	较清	齐	不挂	0.27
	XPI-01	3.9	7.1	11	13.1	14.8	15.9	较清	较齐	微挂	0.29
	TA1031	3.2	6.8	10.9	12.9	13.3	15.5	较清	较齐	不挂	0.29
空白		1.7	3.1	5.3	9	11.8	13.7	黄	不齐	挂	0.61

由表2-55可以看出，对于活性组分质量分数为0.6%（活性组分的总量占油分、沥青质、胶质三者总量的37.5%，在30%~40%之间），沥青质占活性组分总量的33.3%的多组分模拟乳状液，以树脂类为起始剂的破乳剂破乳效果较好，其中以TDI交联的破乳剂XH-08A效果最好，破乳速度和界面情况均较好；其次为多胺类破乳剂。

表 2-55　沥青质/活性组分为 33.3%，活性组分质量分数为 0.6% 的模拟液破乳实验结果

类型	破乳剂	不同时间出水量（mL）						最终水色	最终界面	挂壁情况	吸光度
		15 min	30 min	60 min	90 min	120 min	最终				
多胺类	API7041	3.3	5.1	9.9	12.1	14.2	15.7	较清	较齐	微挂	0.35
	AE9901	3.1	5.3	10.2	12.7	14.5	15.8	较清	齐	微挂	0.36
	AE1901	3.2	5.4	10.1	12.2	14.3	15.5	较清	较齐	挂	0.39
	WD-1	3	5	9.8	11.9	14.2	15.7	乳白	齐	微挂	0.51
醇类	SP169	2	4.7	8	11	12.6	14.9	较清	不齐	挂	0.28
	BZG-14	1.7	4.2	7.7	10.5	13.5	15.7	较清	微挂	微挂	0.26
	HK5501	1.7	4.1	7.9	10.2	12.7	15.3	较清	不齐	挂	0.36
树脂类	BS-71	4.5	8.7	12.6	14.4	15.7	15.9	较清	较齐	微挂	0.19
	XH-08A	4.2	7.9	11.9	13.8	15.1	15.9	较清	齐	不挂	0.21
	XPI-01	4.8	7.9	12.3	13.7	15.3	16	较清	较齐	微挂	0.27
	TA1031	4.7	7	11.5	12.5	14.7	15.7	乳白	较齐	挂	0.41
空白		1.4	3	5	7.5	9.5	12	黄	不齐	挂	0.68

由表 2-56 可以看出，对于活性组分质量分数为 0.8%（活性组分的总量占油分、沥青质、胶质三者总量的 44.4%，在 40%~50% 之间），沥青质占活性组分总量的 33.3% 的多组分模拟乳状液，以树脂类为起始剂的破乳剂破乳效果较好，其中以月桂胺交联的破乳剂 BS-71 效果最好，破乳速度和界面情况均较好；其次为多胺类破乳剂。

表 2-56　沥青质/活性组分为 33.3%，活性组分质量分数为 0.8% 的模拟液破乳实验结果

类型	破乳剂	不同时间出水量（mL）						最终水色	最终界面	挂壁情况	吸光度
		15 min	30 min	60 min	90 min	120 min	最终				
多胺类	API7041	3.9	5.5	10.8	12.6	14.5	15.7	乳白	较齐	微挂	0.55
	AE9901	3.3	5.1	9.7	12.1	14.2	15.2	较清	齐	微挂	0.26
	AE1901	3.2	5.4	9.2	12	13.7	15	较清	齐	微挂	0.31
	WD-1	3	5.5	9	11.7	13	14.7	较清	较齐	微挂	0.31
醇类	SP169	2.7	4.9	8.1	10.8	12.6	15.1	较清	较齐	挂	0.21
	BZG-14	2.8	4.5	7.9	10.9	13.5	15.7	较清	不齐	微挂	0.2
	HK5501	2.5	4.2	7.7	10.5	12.7	15	乳白	不齐	挂	0.51
树脂类	BS-71	4.5	7.6	11.5	13.6	14.8	15.7	较清	齐	微挂	0.22
	XH-08A	5.7	8.9	12.3	14.2	15.5	15.9	较清	不齐	不挂	0.29
	XPI-01	4.8	8.1	11.9	13.9	15	16	较清	较齐	微挂	0.31
	TA1031	5	8.4	12	13.5	14.7	15.8	乳白	较齐	微挂	0.45
空白		1.1	2.7	4.7	8	9.1	12.5	黄	不齐	挂	0.71

由表2-57可以看出,对于活性组分质量分数为1.2%(活性组分的总量占油分、沥青质、胶质三者总量的54.5%,大于50%),沥青质占活性组分总量的33.3%的多组分模拟乳状液,以多胺类为起始剂的破乳剂破乳效果较好,其中以多乙烯多胺为起始剂、月桂胺为交联剂的破乳剂AE9901效果最好,破乳速度和界面情况均较好;其次为树脂类破乳剂。

表2-57 沥青质/活性组分为33.3%,活性组分质量分数为1.2%的模拟液破乳实验结果

类型	破乳剂	不同时间出水量（mL）						最终水色	最终界面	挂壁情况	吸光度
		15 min	30 min	60 min	90 min	120 min	最终				
多胺类	API7041	4.1	6.2	9.8	12.6	15.5	15.8	较清	较齐	微挂	0.3
	AE9901	4.5	6.8	10.7	13.9	15.8	15.9	较清	较齐	微挂	0.21
	AE1901	3.9	5.8	9.3	12.1	15.2	15.9	较清	齐	微挂	0.26
	WD-1	3.5	5.1	9	11.9	14.3	15.3	乳白	较齐	挂	0.5
醇类	SP169	1.7	3.5	6.9	9.3	13	14.9	较清	较齐	挂	0.21
	BZG-14	1.8	3.2	7.5	10.9	14.1	15.7	乳白	不齐	微挂	0.58
	HK5501	1.5	3	6.8	9	12.3	15.1	较清	不齐	微挂	0.41
树脂类	BS-71	2.5	4.6	8	11.6	14.1	15.3	较清	不齐	挂	0.35
	XH-08A	2.7	4.9	8.1	12.2	14.7	16	较清	较齐	挂	0.33
	XPI-01	2.8	4.2	7.9	11.9	14.3	15.1	乳白	较齐	微挂	0.43
	TA1031	3	4.3	8	11.5	13.7	15.3	黄	不齐	挂	0.73
空白		0.9	1.7	3.7	6	8.2	9.5	浊	不齐	挂	0.88

2）沥青质/活性组分为25.0%,活性组分质量分数不同的模拟乳状液破乳实验

实验中,油分的质量分数为1.0%,活性组分的质量分数分别为0.4%、0.6%、0.8%、1.2%。实验结果分别见表2-58至表2-61。

由表2-58可以看出,多组分模拟乳状液的稳定性与单组分的明显不同。对于活性组分质量分数为0.4%（活性组分的总量占油分、沥青质、胶质三者总量的28.6%,小于30%）,沥青质占活性组分总量的25%的多组分模拟乳状液,以醇类为起始剂、四嵌段的破乳剂HK5501破乳效果最好,破乳速度和界面情况均较好,其他以醇类为起始剂的破乳剂效果也较好;其次为多胺类破乳剂。

由表2-59可以看出,对于活性组分质量分数为0.6%（活性组分的总量占油分、沥青质、胶质三者总量的37.5%,在30%~40%之间）,沥青质占活性组分含量的25%的多组分模拟乳状液,以树脂类为起始剂的破乳剂破乳效果较好,其中非交联的破乳剂TA1031效果最好,破乳速度和界面情况均较好;其次为多胺类破乳剂。

表 2-58 沥青质/活性组分为 25.0%，活性组分质量分数为 0.4% 的模拟液破乳实验结果

类型	破乳剂	不同时间出水量（mL）						最终水色	最终界面	挂壁情况	吸光度
		15 min	30 min	60 min	90 min	120 min	最终				
多胺类	API7041	2.9	5.9	9.7	12.6	14.1	15.6	较清	较齐	微挂	0.29
	AE9901	3.3	6.5	10.1	12.9	15.2	15.9	较清	较齐	微挂	0.33
	AE1901	3.4	6.8	10.8	13.3	15.3	16	清	较齐	微挂	0.21
	WD-1	3.1	6.2	10.1	12.1	14.9	15.9	较清	较齐	挂	0.32
醇类	SP169	4.1	7	12.1	13.9	14.6	15.3	较清	不齐	微挂	0.23
	BZG-14	4.8	8.2	12.5	14	15.5	16	较清	较齐	微挂	0.26
	HK5501	5.5	8.7	13.3	14.9	15.8	15.9	清	齐	不挂	0.13
树脂类	BS-71	2.5	5.1	9.7	11.6	13.6	15.7	较清	较齐	微挂	0.22
	XH-08A	2.3	4.5	8.9	11.1	13	15.9	乳白	齐	微挂	0.46
	XPI-01	2.7	5.3	9.9	12.1	13.3	16	较清	较齐	挂	0.33
	TA1031	2.8	5.7	10.9	12.6	13.9	15.9	较清	较齐	挂	0.27
空白		1.9	3.3	5.6	9.7	12.1	14.3	乳白	不齐	挂	0.51

表 2-59 沥青质/活性组分为 25.0%，活性组分质量分数为 0.6% 的模拟液破乳实验结果

类型	破乳剂	不同时间出水量（mL）						最终水色	最终界面	挂壁情况	吸光度
		15 min	30 min	60 min	90 min	120 min	最终				
多胺类	API7041	2.7	5.2	8.9	11.5	14.7	15.9	乳白	齐	微挂	0.39
	AE9901	2.1	5	8.2	10.7	14.3	15.9	较清	齐	微挂	0.26
	AE1901	2.3	5	8	10.2	14.9	15.7	较清	较齐	不挂	0.27
	WD-1	2.7	5.3	8.7	11.3	15.3	15.9	乳白	齐	微挂	0.55
醇类	SP169	2	4.7	8	11	12.6	14.9	较清	不齐	微挂	0.3
	BZG-14	1.7	4.2	7.7	10.5	13.5	15.7	较清	较齐	挂	0.21
	HK5501	1.7	4.1	7.9	10.2	12.7	15.3	清	不齐	微挂	0.2
树脂类	BS-71	3.5	6.7	10.6	14	15.1	15.8	较清	较齐	微挂	0.19
	XH-08A	3.3	6.5	10.9	13.9	15.3	15.7	较清	不齐	挂	0.32
	XPI-01	3.8	6.8	11.4	13.8	15.5	16	较清	较齐	微挂	0.29
	TA1031	3.7	7	11.8	14.6	15.7	15.9	清	齐	微挂	0.23
空白		1.7	3.2	5.1	7.3	9.9	12.5	黄	不齐	挂	0.62

由表 2-60 可以看出，对于活性组分质量分数为 0.8%（活性组分的总量占油分、沥青质、胶质三者总量的 44.4%，在 40%~50% 之间），沥青质占活性组分总量的 25% 的多组分模拟乳状液，以多胺类为起始剂的破乳剂破乳效果较好，其中以非交联的破乳剂 AE1901 效果最好，破乳速度和界面情况均较好；其次为树脂类破乳剂。

表2-60 沥青质/活性组分为25.0%，活性组分质量分数为0.8%的模拟液破乳实验结果

类型	破乳剂	不同时间出水量（mL）						最终水色	最终界面	挂壁情况	吸光度
		15 min	30 min	60 min	90 min	120 min	最终				
多胺类	API7041	3.1	5.1	10.3	12.3	14.5	15.8	较清	较齐	挂	0.29
	AE9901	2.8	5.3	10.6	12.7	15.1	15.9	较清	较齐	微挂	0.27
	AE1901	3.5	5.9	11.1	13.9	15.7	16	清	齐	微挂	0.21
	WD-1	3	5.7	10.5	13.1	15.2	15.8	乳白	较齐	挂	0.52
醇类	SP169	2.1	4.2	7.3	9.7	11.6	15.3	较清	较齐	微挂	0.29
	BZG-14	2.2	4.3	7.1	9.6	11.5	15.2	清	不齐	微挂	0.2
	HK5501	2.4	4.6	7.9	10.2	12.9	15.7	较清	较齐	挂	0.31
树脂类	BS-71	2.5	5.3	8.9	11.6	14	15.5	清	齐	挂	0.12
	XH-08A	2.7	5.5	9.2	12.3	15.1	15.9	乳白	较齐	挂	0.49
	XPI-01	2.5	4.9	8.9	11.7	13.7	16	较清	齐	微挂	0.27
	TA1031	2.6	5.1	9	11.8	13.5	15.7	乳白	较齐	不挂	0.53
	空白	1.5	2.9	4.7	7.5	9.2	12.3	黄	不齐	挂	0.71

由表2-61可以看出，对于活性组分质量分数为1.2%（活性组分的总量占油分、沥青质、胶质三者总量的54.5%，大于50%），沥青质占活性组分总量的25%的多组分模拟乳状液，以树脂类为起始剂的破乳剂破乳效果较好，其中以TDI为交联剂的破乳剂XPI-01效果最好，破乳速度和界面情况均较好；其次为醇类破乳剂。

表2-61 沥青质/活性组分为25.0%，活性组分质量分数为1.2%的模拟液破乳实验结果

类型	破乳剂	不同时间出水量（mL）						最终水色	最终界面	挂壁情况	吸光度
		15 min	30 min	60 min	90 min	120 min	最终				
多胺类	API7041	2.1	4.2	7.8	10.6	13.5	15.1	较清	较齐	挂	0.23
	AE9901	2.3	4.7	8.7	10.9	13.3	15.3	较清	较齐	挂	0.28
	AE1901	1.9	4.3	8.3	12.1	14.2	15.7	乳白	不齐	微挂	0.56
	WD-1	2.2	4.1	7.8	10.6	13	15	乳白	较齐	挂	0.51
醇类	SP169	2.3	4.5	7.9	11.3	13.1	15.7	较清	较齐	微挂	0.26
	BZG-14	2.8	4.5	8.1	11.9	14	15.8	较清	较齐	微挂	0.28
	HK5501	2.5	4.4	7.8	11.2	13.3	15.6	清	齐	微挂	0.13
树脂类	BS-71	3.1	6	9.8	12.7	14.9	15.7	较清	不齐	微挂	0.22
	XH-08A	3.5	6.3	10.2	13	15.1	15.8	较清	较齐	微挂	0.26
	XPI-01	3.9	6.8	11.3	14.1	15.9	15.9	较清	较齐	不挂	0.21
	TA1031	3.1	6.1	9.7	12.9	15.3	15.9	黄	较齐	挂	0.69
	空白	1.1	2	4.3	6.7	8.8	10.5	浊	不齐	挂	0.85

3）沥青质/活性组分为16.7%，活性组分质量分数不同的模拟乳状液破乳实验

实验中，油分的质量分数为1.0%，活性组分的质量分数分别为0.4%、0.6%、0.8%、1.2%。实验结果分别见表2-62至表2-65。

由表2-62可以看出，对于活性组分质量分数为0.4%（活性组分的总量占油分、沥青质、胶质三者总量的28.6%，小于30%），沥青质占活性组分总量的16.7%的多组分模拟乳状液，以醇类为起始剂、非交联的破乳剂SP169效果最好，破乳速度和界面情况均较好，其他以醇类为起始剂的破乳剂效果也较好；其次为树脂类破乳剂。

表2-62　沥青质/活性组分为16.7%，活性组分质量分数为0.4%的模拟液破乳实验结果

类型	破乳剂	不同时间出水量（mL）						最终水色	最终界面	挂壁情况	吸光度
		15 min	30 min	60 min	90 min	120 min	最终				
多胺类	API7041	2.9	4.9	9.5	12.2	14.3	15.8	较清	较齐	挂	0.31
	AE9901	3.2	5.8	10.1	12.8	14.5	15.5	清	齐	微挂	0.19
	AE1901	3.1	5.1	9.8	12.3	14.7	16	清	较齐	不挂	0.15
	WD-1	3	6	10.2	13.1	14.1	15.1	较清	较齐	挂	0.3
醇类	SP169	5.6	8.7	13.5	15.1	15.8	16	清	齐	不挂	0.15
	BZG-14	4.9	8.1	12.7	14.3	15.4	15.9	较清	较齐	微挂	0.27
	HK5501	5.1	8.3	13	14.4	15.6	15.8	较清	齐	微挂	0.25
树脂类	BS-71	3.5	5.8	10.7	13.6	15.6	15.9	清	较齐	微挂	0.14
	XH-08A	3.3	5.5	10.5	13.2	15	15.8	乳白	齐	微挂	0.49
	XPI-01	3.5	5.6	10.6	13.1	15.2	15.7	清	较齐	不挂	0.13
	TA1031	3.7	5.7	10.7	13.5	13.9	15.9	较清	较齐	微挂	0.29
空白		2.2	3.6	5.9	10.1	12.3	14.5	乳白	不齐	挂	0.43

由表2-63可以看出，对于活性组分质量分数为0.6%（活性组分的总量占油分、沥青质、胶质三者总量的37.5%，在30%~40%之间），沥青质占活性组分总量的16.7%的多组分模拟乳状液，以多胺类为起始剂的破乳剂破乳效果较好，其中以TDI交联的破乳剂WD-1效果最好，破乳速度和界面情况均较好，而AE1901的水质较好；其次为树脂类破乳剂。

由表2-64可以看出，对于活性组分质量分数为0.8%（活性组分的总量占油分、沥青质、胶质三者总量的44.4%，在40%~50%之间），沥青质占活性组分总量的16.7%的多组分模拟乳状液，以树脂类为起始剂的破乳剂破乳效果较好，其中以TDI交联的破乳剂XPI-01效果最好，破乳速度和界面情况均较好；其次为多胺类破乳剂。

表 2-63 沥青质/活性组分为 16.7%，活性组分质量分数为 0.6% 的模拟液破乳实验

类型	破乳剂	不同时间出水量（mL）						最终水色	最终界面	挂壁情况	吸光度
		15 min	30 min	60 min	90 min	120 min	最终				
多胺类	API7041	4.7	8.8	12.7	14.5	15.3	15.9	乳白	较齐	微挂	0.44
	AE9901	5.1	9	12.5	14.3	15.3	15.8	较清	齐	微挂	0.27
	AE1901	5.3	9	13.1	14.7	15.6	15.9	清	较齐	不挂	0.17
	WD-1	5.6	8.9	13.6	15.2	15.9	16	较清	齐	微挂	0.25
醇类	SP169	3.3	6.2	10.1	12	13.2	15.1	清	不齐	微挂	0.15
	BZG-14	3.3	6	10.3	12.3	13.7	15.5	较清	较齐	挂	0.23
	HK5501	3.6	6.3	10.4	12.8	13.5	15.3	较清	不齐	微挂	0.27
树脂类	BS-71	3.7	7.3	11.6	13.6	14.5	15.8	较清	较齐	微挂	0.28
	XH-08A	3.5	6.8	11.1	12.9	14.3	15.5	较清	不齐	挂	0.31
	XPI-01	3.5	6.8	11.4	12.8	14.5	15.3	清	较齐	微挂	0.16
	TA1031	3.7	7.2	11.8	13.6	15.1	15.9	清	较齐	微挂	0.2
空白		1.9	3.5	5.8	7.7	10.3	12.9	乳白	不齐	微挂	0.53

表 2-64 沥青质/活性组分为 16.7%，活性组分质量分数为 0.8% 的模拟液破乳实验结果

类型	破乳剂	不同时间出水量（mL）						最终水色	最终界面	挂壁情况	吸光度
		15 min	30 min	60 min	90 min	120 min	最终				
多胺类	API7041	3.2	5.3	10.1	12.5	14.1	15.5	较清	较齐	微挂	0.23
	AE9901	2.9	5.3	10	12.7	14.3	15.7	乳白	较齐	挂	0.51
	AE1901	3.5	5.9	10.8	13.5	14.5	15.8	较清	齐	微挂	0.2
	WD-1	3	5.9	10.3	13	14	15.6	较清	较齐	微挂	0.32
醇类	SP169	2.3	4.5	7.9	11.3	13.3	15.3	较清	齐	微挂	0.29
	BZG-14	2.9	4.7	8.2	11.7	14	15.3	较清	较齐	挂	0.27
	HK5501	2.5	4.5	7.8	11.3	13.3	15	清	较齐	微挂	0.15
树脂类	BS-71	3.5	6.8	11.5	13	15.2	15.7	较清	较齐	微挂	0.25
	XH-08A	3.5	6.5	11.2	13.2	15.3	15.8	乳白	较齐	微挂	0.46
	XPI-01	3.8	7.6	12.6	14.1	15.8	15.9	清	较齐	不挂	0.15
	TA1031	3.7	7.1	11.7	13.5	15.6	15.9	较清	较齐	挂	0.27
空白		1.8	3.3	5.5	7.7	9.8	12.5	黄	不齐	挂	0.63

由表2-65可以看出，对于活性组分质量分数为1.2%（活性组分的总量占油分、沥青质、胶质三者总量的54.5%，大于50%），沥青质占活性组分总量的16.7%的多组分模拟乳状液，以树脂类为起始剂的破乳剂破乳效果较好，其中以月桂胺为交联剂的破乳剂BS-71效果最好，破乳速度和界面情况均较好；其次为多胺类破乳剂。

表2-65 沥青质/活性组分为16.7%，活性组分质量分数为1.2%的模拟液破乳实验结果

类型	破乳剂	不同时间出水量（mL）						最终水色	最终界面	挂壁情况	吸光度
		15 min	30 min	60 min	90 min	120 min	最终				
多胺类	API7041	2.5	4.5	7.9	12.3	14.1	15.7	较清	较齐	微挂	0.31
	AE9901	2.6	4.5	8.1	11.9	14.6	15.8	较清	较齐	微挂	0.23
	AE1901	2.5	4.4	7.8	11.3	14.3	15.4	较清	不齐	挂	0.23
	WD-1	3.1	5.7	9.1	12.2	14.9	15.5	较清	齐	微挂	0.26
醇类	SP169	2.3	3.9	7.8	11.6	13.9	15.5	较清	较齐	微挂	0.23
	BZG-14	2.2	3.5	7.1	11	14.3	15.6	较清	较齐	挂	0.31
	HK5501	2	3.4	7.5	11.2	13.7	15.3	清	较齐	微挂	0.16
树脂类	BS-71	3.9	7.5	12.3	13.9	15.7	15.9	清	较齐	微挂	0.16
	XH-08A	3.5	6.3	11.3	13.1	15.3	15.8	较清	不齐	挂	0.3
	XPI-01	3.6	6.8	11.4	13.4	15.3	15.8	清	较齐	不挂	0.19
	TA1031	3.5	7.2	11.2	13.1	15.2	15.7	较清	较齐	微挂	0.23
空白		1.3	2.5	4.9	7.1	9.3	11.1	黄	不齐	挂	0.73

3. 聚合物浓度对模拟乳状液破乳效果的影响

聚丙烯酰胺的存在对原油采出液的油水分离有重大影响，因此，研究了降解后的聚丙烯酰胺（相对分子质量为245万）对模拟乳状液破乳效果的影响。模拟乳状液的组成：油分质量分数为1.0%，沥青质与胶质的质量比为1:3，二者的总质量分数为0.8%，即模拟乳状液的组成与表2-60中的模拟乳状液组成一致，结果见表2-66至表2-68。

表2-66 聚合物质量浓度为30mg/L和50mg/L时对模拟乳状液破乳效果的影响

类型	破乳剂	120min时含30mg/L HPAM 乳状液的出水量和界面情况					120min时含50mg/L HPAM 乳状液的出水量和界面情况				
		出水量（mL）	最终水色	最终界面	挂壁情况	吸光度	出水量（mL）	最终水色	最终界面	挂壁情况	吸光度
多胺类	API7041	14	较清	较齐	挂	0.32	13.5	较清	不齐	微挂	0.3
	AE9901	14.5	较清	不齐	微挂	0.31	14	较清	较齐	挂	0.35
	AE1901	15.1	较清	不齐	微挂	0.28	14.5	较清	较齐	微挂	0.3
	WD-1	14.7	乳白	不齐	挂	0.55	14.1	乳白	不齐	挂	0.53

续表

类型	破乳剂	120min 时含 30mg/L HPAM 乳状液的出水量和界面情况					120min 时含 50mg/L HPAM 乳状液的出水量和界面情况				
		出水量（mL）	最终水色	最终界面	挂壁情况	吸光度	出水量（mL）	最终水色	最终界面	挂壁情况	吸光度
醇类	SP169	11.1	较清	较齐	微挂	0.29	10.8	较清	较齐	微挂	0.31
	BZG-14	11.3	较清	不齐	微挂	0.26	11	乳白	不齐	微挂	0.56
	HK5501	12	较清	较齐	挂	0.28	11.9	乳白	较齐	挂	0.58
树脂类	BS-71	13.5	较清	较齐	挂	0.27	14	较清	较齐	微挂	0.27
	XH-08A	14.6	乳白	较齐	挂	0.52	14.9	乳白	不齐	挂	0.46
	XPI-01	13.4	乳白	较齐	微挂	0.53	13.7	乳白	较齐	微挂	0.58
	TA1031	13	乳白	较齐	微挂	0.5	13.5	乳白	较齐	挂	0.57
空白		8.7	黄	不齐	挂	0.75	8.3	黄	不齐	挂	0.69

表 2-67 聚合物质量浓度为 100mg/L 和 150mg/L 时模拟乳状液破乳效果的影响

类型	破乳剂	120min 时含 100mg/L HPAM 乳状液的出水量和界面情况					120min 时含 150mg/L HPAM 乳状液的出水量和界面情况				
		出水量（mL）	最终水色	最终界面	挂壁情况	吸光度	出水量（mL）	最终水色	最终界面	挂壁情况	吸光度
多胺类	API7041	14.7	较清	较齐	挂	0.3	15.1	乳白	较齐	挂	0.5
	AE9901	15.2	乳白	不齐	微挂	0.51	15	乳白	不齐	微挂	0.59
	AE1901	15.7	较清	不齐	微挂	0.29	15.5	较清	微挂	微挂	0.25
	WD-1	15.1	乳白	不齐	挂	0.57	15.3	乳白	不齐	挂	0.56
醇类	SP169	12.1	较清	较齐	微挂	0.32	12.3	较清	较齐	微挂	0.43
	BZG-14	12.3	乳白	不齐	微挂	0.53	13	乳白	不齐	微挂	0.59
	HK5501	13	较清	不齐	挂	0.31	12.9	较清	不齐	挂	0.3
树脂类	BS-71	14.3	乳白	较齐	挂	0.57	14.7	黄	较齐	挂	0.68
	XH-08A	15.3	乳白	不齐	挂	0.55	15.5	乳白	不齐	挂	0.57
	XPI-01	14.4	乳白	较齐	微挂	0.5	14.7	黄	较齐	微挂	0.63
	TA1031	14.1	乳白	较齐	微挂	0.57	14.5	乳白	较齐	微挂	0.51
空白		9.3	浊	不齐	挂	0.83	9.2	浊	不齐	挂	0.87

表 2-68　聚合物质量浓度为 200mg/L 和 300mg/L 时对模拟乳状液破乳效果的影响

类型	破乳剂	120min 时含 200mg/L HPAM 乳状液的出水量和界面情况					120min 时含 300mg/L HPAM 乳状液的出水量和界面情况				
		出水量（mL）	最终水色	最终界面	挂壁情况	吸光度	出水量（mL）	最终水色	最终界面	挂壁情况	吸光度
多胺类	API7041	15.3	乳白	较齐	挂	0.51	15.5	黄	较齐	挂	0.59
	AE9901	15.5	黄	不齐	微挂	0.63	15.5	浊	不齐	微挂	0.79
	AE1901	15.6	较清	不齐	微挂	0.31	15.9	较清	不齐	微挂	0.25
	WD-1	15.3	黄	不齐	挂	0.67	15.5	浊	不齐	挂	0.76
醇类	SP169	13.1	乳白	较齐	挂	0.5	13.8	乳白	较齐	微挂	0.57
	BZG-14	13.3	黄	不齐	微挂	0.57	13.7	浊	不齐	挂	0.78
	HK5501	13.5	乳白	不齐	挂	0.49	13.9	较清	不齐	挂	0.3
树脂类	BS-71	14.7	黄	较齐	挂	0.69	14.9	浊	较齐	挂	0.83
	XH-08A	15.2	乳白	不齐	挂	0.52	15.8	黄	不齐	挂	0.67
	XPI-01	14.9	黄	较齐	微挂	0.72	15.7	浊	较齐	微挂	0.83
	TA1031	14.8	乳白	较齐	挂	0.59	15.5	浊	较齐	微挂	0.88
空白		9.5	浊	不齐	挂	0.91	9.7	浊	不齐	挂	0.89

分析实验数据可以看出，HPAM 的存在严重影响了模拟乳状液的油水分离。当 HPAM 质量浓度小于 50mg/L 时，随着 HPAM 质量浓度的增加，破乳难度加大，脱出水的水质较差；当 HPAM 的质量浓度大于 50mg/L 时，随着 HPAM 质量浓度的增加，破乳难度降低，脱出水的水质越来越差。表明 HPAM 对原油乳状液的脱水影响不大，但严重影响脱出水的水质和界面。而破乳剂 AE1901 脱出水的水质较好，表明破乳剂 AE1901 具有清水作用，为含聚采出液的破乳脱水提供了思路。

二、原油乳状液组成与破乳剂结构类型关系图版

（一）建立方法

根据前面的基础研究内容，沥青质和胶质是影响采出液破乳脱水的主要因素，而二者的比例、总量等对破乳剂的破乳效果有重大影响。通过系统研究不同结构类型的破乳剂对不同组成的模拟乳状液的破乳脱水情况，建立了原油乳状液组成与破乳剂结构的关系图版。结果见图 2-57 至图 2-59。

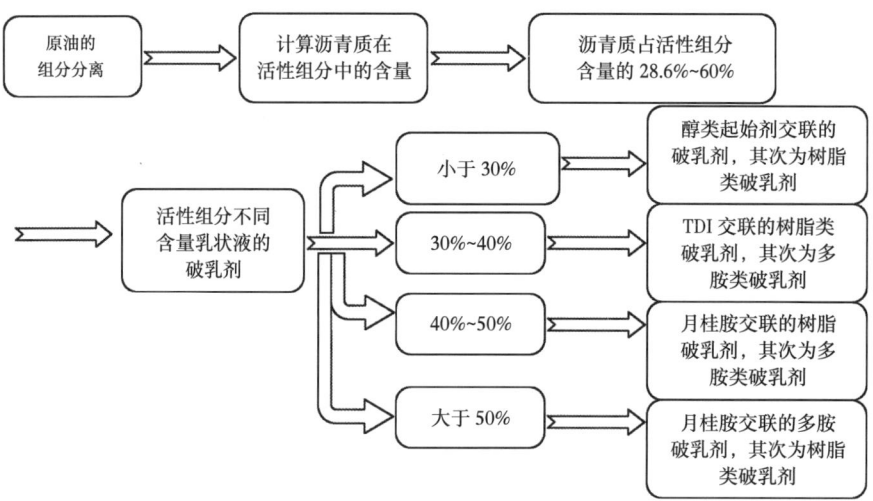

图 2-57　原油乳状液组成与破乳剂结构类型的关系图版 Ⅰ

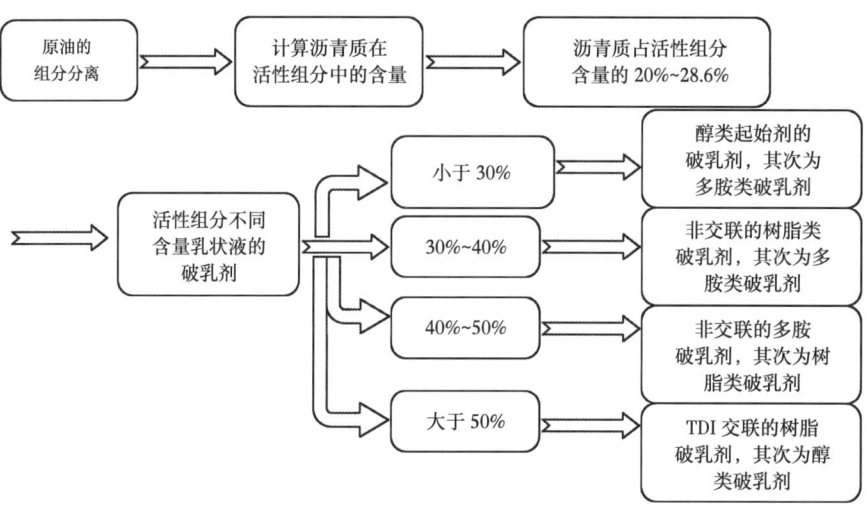

图 2-58　原油乳状液组成与破乳剂结构类型的关系图版 Ⅱ

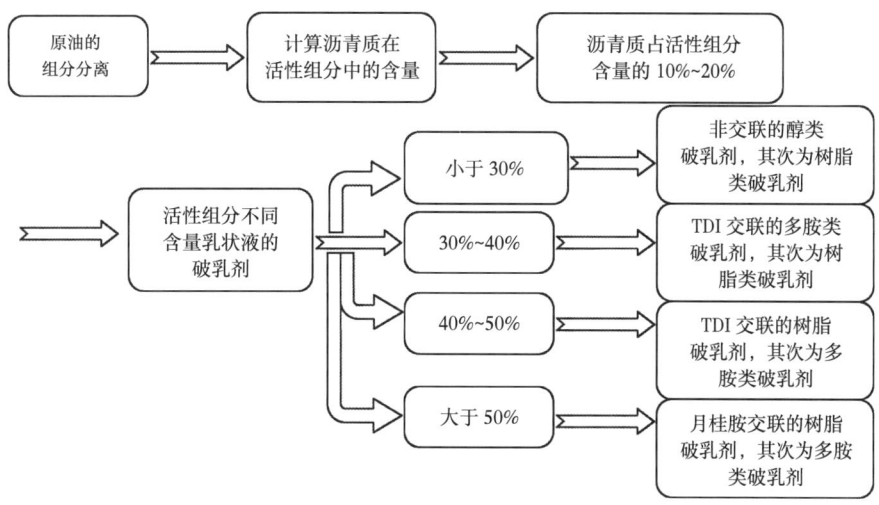

图 2-59　原油乳状液组成与破乳剂结构类型的关系图版 Ⅲ

（二）图版验证

前述得到的原油乳状液组成与破乳剂类型关系图版是根据原油模拟乳状液的破乳实验得到的，原油的组成比模拟乳状液的组成复杂。因此，选取几种不同组成的原油，用表 2-48 至表 2-50 中的破乳剂进行破乳实验，对得到的关系图版进行了验证。

1. 原油组成

实验中选取了几种具有代表性的原油，其组成见表 2-69。

表 2-69　几种原油的组成

原油名称	油分（%）	胶质（%）	沥青质（%）	沥青质占活性组分的含量（%）	活性组分的含量（%）
孤二联原油	60.70	30.53	8.77	22.32	39.30
孤五联原油	56.33	30.11	13.56	31.05	43.67
大庆轻质原油	79.57	17.11	3.32	16.25	20.43
孤三联原油	62.35	35.26	12.39	26.00	47.65
孤四联原油	58.11	31.86	10.03	23.94	41.89
孤东联原油	49.09	34.93	15.98	31.39	50.91

2. 原油乳状液的破乳实验

表 2-69 中几种原油乳状液的破乳实验结果见表 2-70 至表 2-75。实验条件：将原油配成含水率为 20% 的乳状液，在 3000r/min 的条件下搅拌 15min，制备乳化原油，破乳剂质量浓度为 100mg/L，实验温度为 50℃。

由表 2-70 可以看出，对于孤二联原油乳状液，非交联的树脂类破乳剂 TA1031 破乳效果最好,其他树脂类破乳剂的破乳效果也较好;多胺类破乳剂 AE1901 的脱出水水质和界面情况较好。这与图 2-58 图版中的结果一致。

表 2-70 孤二联原油乳状液的破乳实验结果

类型	破乳剂	不同时间出水量(mL)					最终水色	最终界面	挂壁情况	吸光度
		15 min	30 min	60 min	90 min	120 min	最终			
多胺类	API7041	1.2	3.5	6.4	9.7	11.1	12.7	浊	不齐	微挂	0.67
	AE9901	1.6	3.5	6.2	9.9	11.6	12.8	较清	较齐	微挂	0.28
	AE1901	2.5	4.1	6.8	11.3	12.6	13.5	较清	较齐	不挂	0.25
	WD-1	2.1	3.7	6.1	9.2	11.9	12.5	黄	不齐	微挂	0.73
醇类	SP169	1.9	3.1	5.2	8.6	10.7	11.5	较清	较齐	挂	0.33
	BZG-14	2.1	3.5	5.5	9	10.9	11.6	较清	不齐	挂	0.36
	HK5501	2	3.6	5.1	8.2	10.7	11.3	黄	不齐	挂	0.77
树脂类	BS-71	2.3	4.5	7.3	10.9	12.1	13.1	黄	较齐	微挂	0.69
	XH-08A	2.5	4.3	7.3	11.1	12.3	13.3	较清	较齐	挂	0.31
	XPI-01	2.4	4.8	7.6	11.2	12.6	13.8	较清	较齐	挂	0.23
	TA1031	2.5	5.3	8.7	12.1	13.7	14.5	较清	较齐	微挂	0.21
空白		0.9	1.7	3.2	5	7.1	8.1	浊	不齐	挂	0.68

由表 2-71 可以看出,对于孤五联原油乳状液,以月桂胺交联的树脂类破乳剂 BS-71 破乳效果最好,其他树脂类破乳剂的破乳效果也较好;其次为多胺类破乳剂。这与图 2-57 图版中的结果一致。

表 2-71 孤五联原油乳状液的破乳实验结果

类型	破乳剂	不同时间出水量(mL)					最终水色	最终界面	挂壁情况	吸光度
		15 min	30 min	60 min	90 min	120 min	最终			
多胺类	API7041	1.2	3.5	6.1	9.2	10.1	12.1	较清	不齐	微挂	0.27
	AE9901	1.6	3.2	5.8	9	10.2	12.1	较清	不齐	微挂	0.29
	AE1901	1.5	3.1	6.1	10.3	10.9	12.5	较清	较齐	微挂	0.27
	WD-1	1.7	3	5.4	9.2	10.3	12.3	黄	不齐	微挂	0.41
醇类	SP169	1.2	2.6	4.2	7.2	9.1	10.8	较清	较齐	挂	0.27
	BZG-14	1.1	2.5	4.5	8	9.4	11.1	较清	较齐	挂	0.26
	HK5501	1.3	2.6	4.1	7.8	9.2	11	黄	不齐	微挂	0.51
树脂类	BS-71	2.1	4.1	7.6	11.3	13.5	14.3	黄	较齐	微挂	0.57
	XH-08A	2	4	6.8	10	12	13.3	较清	较齐	挂	0.23
	XPI-01	1.9	3.8	6.6	10.2	11.6	13.1	黄	较齐	微挂	0.51
	TA1031	1.8	3.4	6.3	10.1	11.7	13.1	黄	较齐	微挂	0.56
空白		0.5	1.1	2.2	3.4	4.6	5.2	浊	不齐	挂	0.9

由表 2-72 可以看出,对于大庆轻质原油乳状液,以非交联的醇类破乳剂 SP169 破乳效果最好,其他醇类破乳剂的破乳效果也较好;其次为树脂类破乳剂。这与图 2-59 图版中的结果基本一致。

表 2-72 大庆轻质原油乳状液的破乳实验结果

类型	破乳剂	不同时间出水量（mL）					最终水色	最终界面	挂壁情况	吸光度
		15 min	30 min	60 min	90 min	120 min	最终			
多胺类	API7041	1.3	3.4	6	8.6	10.9	12.8	较清	较齐	微挂	0.25
	AE9901	1.6	3.5	6.3	9	11.5	13.1	较清	较齐	微挂	0.29
	AE1901	1.4	3.2	6	8.9	11.3	13.5	清	齐	不挂	0.15
	WD-1	1.7	3.3	5.7	8.2	11	12.9	较清	较齐	微挂	0.31
醇类	SP169	2.2	4.6	7.5	10.3	13.9	15.1	清	齐	微挂	0.13
	BZG-14	2.1	4.5	7.1	9.3	12.7	14.2	较清	较齐	微挂	0.3
	HK5501	1.9	3.6	6.8	8.8	12.2	14.3	清	齐	挂	0.17
树脂类	BS-71	2.1	4.1	6.6	8.3	11.1	12.6	较清	较齐	微挂	0.29
	XH-08A	2	4	5.8	8	10.5	12.3	较清	较齐	微挂	0.26
	XPI-01	1.5	3.8	6.6	8.3	10.6	12.1	较清	较齐	挂	0.28
	TA1031	1.3	3.5	6.2	7.9	10.7	12	较清	较齐	微挂	0.29
空白		1.1	2.3	3.2	4.5	5.1	5.8	黄	较齐	挂	0.43

由表 2-73 可以看出，对于孤东联原油乳状液，以月桂胺交联的多胺类破乳剂 AE9901 和 TDI 交联的树脂类破乳剂 XH-08A 的破乳效果最好，其他多胺类破乳剂的破乳效果也较好。这与图 2-57 图版中的结果一致。

表 2-73 孤东联原油乳状液的破乳实验结果

类型	破乳剂	不同时间出水量（mL）					最终水色	最终界面	挂壁情况	吸光度
		15 min	30 min	60 min	90 min	120 min	最终			
多胺类	API7041	2.3	3.6	5.9	8.4	10.7	12.3	黄	较齐	微挂	0.55
	AE9901	2.6	4.4	7.3	9.8	12.6	13.9	较清	较齐	微挂	0.25
	AE1901	2.4	3.8	6.3	9.2	11.3	12.5	清	齐	微挂	0.17
	WD-1	1.9	3.5	5.9	8.2	11	12.1	较清	较齐	挂	0.33
醇类	SP169	1.2	2.6	4.7	8.1	10.4	10.2	较清	不齐	微挂	0.33
	BZG-14	1.1	2.5	4.6	8.1	10.3	11.2	黄	较齐	挂	0.51
	HK5501	1.5	2.9	5.1	8.3	9.6	10.6	较清	不齐	挂	0.3
树脂类	BS-71	1.9	3.1	5.6	8.1	9.1	10.2	黄	较齐	微挂	0.59
	XH-08A	2	3.5	6.6	9.2	12.5	13.5	黄	不齐	微挂	0.56
	XPI-01	2.1	2.8	5.3	8.3	10.7	12.1	较清	较齐	微挂	0.25
	TA1031	1.7	3.3	6.1	8.1	11.2	12.5	黄	不齐	微挂	0.59
空白		0.7	1.3	2.2	2.7	3.1	3.8	黄	较齐	挂	0.63

由表 2-74 可以看出，对于孤三联原油乳状液，以非交联的多胺类破乳剂 AE1901 破乳效果最好，其他树脂类破乳剂的破乳效果也较好。这与图 2-58 图版中的结果一致。

表 2-74 孤三联原油乳状液的破乳实验结果

类型	破乳剂	不同时间出水量（mL）						最终水色	最终界面	挂壁情况	吸光度
		15 min	30 min	60 min	90 min	120 min	最终				
多胺类	API7041	1.3	3.7	5.8	8.9	11.5	12.5	黄	较齐	微挂	0.55
	AE9901	2.3	4.5	7	9.8	12.1	13.5	较清	较齐	微挂	0.25
	AE1901	2.8	3.8	6.9	8.9	12.2	14.1	较清	齐	微挂	0.17
	WD-1	2.1	3.3	5.7	8.3	10.8	11.8	黄	较齐	挂	0.61
醇类	SP169	1.1	2.5	4.5	8.3	10.1	10.3	较清	不齐	微挂	0.33
	BZG-14	1.3	2.7	4.9	8.8	10.9	11.2	黄	较齐	挂	0.51
	HK5501	1.3	2.9	5.2	8	9.5	10.2	较清	不齐	挂	0.3
树脂类	BS-71	2.1	3.2	5.5	8.3	9	12.3	黄	较齐	微挂	0.59
	XH-08A	1.8	3.5	6.7	9	12.3	13.5	黄	不齐	微挂	0.56
	XPI-01	2	2.9	5	8	10.9	12.3	较清	较齐	挂	0.25
	TA1031	2	3.7	6.5	9	11.2	12.5	较清	不齐	微挂	0.29
空白		0.8	1.2	2	2.6	3.3	3.9	黄	较齐	挂	0.63

由表 2-75 可以看出，对于孤四联原油乳状液，以非交联的多胺类破乳剂 AE1901 破乳效果最好，其他树脂类破乳剂的破乳效果也较好。这与图 2-58 图版中的结果一致。

表 2-75 孤四联原油乳状液的破乳实验结果

类型	破乳剂	不同时间出水量（mL）						最终水色	最终界面	挂壁情况	吸光度
		15 min	30 min	60 min	90 min	120 min	最终				
多胺类	API7041	1.5	3.7	6.5	9.6	10.2	12.8	较清	不齐	微挂	0.27
	AE9901	1.5	3	6.3	10.3	11.1	12.7	较清	较齐	微挂	0.27
	AE1901	1.6	3.4	6.3	9.9	12.1	14.5	较清	齐	微挂	0.29
	WD-1	1.7	3.1	5.4	9.3	10.5	12	黄	不齐	微挂	0.49
醇类	SP169	1.9	3.5	5.9	8.2	11	12.1	较清	较齐	挂	0.27
	BZG-14	1.2	2.6	4.7	8.1	10.4	11.2	较清	较齐	挂	0.26
	HK5501	1	2.5	4.6	8.1	10.3	11.8	黄	不齐	微挂	0.51
树脂类	BS-71	2.2	4	7.3	11	13.5	14	黄	较齐	微挂	0.57
	XH-08A	2	4.1	6.8	10.3	12.5	13.3	较清	不齐	挂	0.23
	XPI-01	1.8	3.9	6.7	10.2	11.5	12.9	较清	较齐	微挂	0.31
	TA1031	1.9	3.4	6.7	10.5	11.7	13.6	黄	较齐	微挂	0.56
空白		0.6	1.1	2.5	3.3	4.4	5	浊	不齐	挂	0.9

通过以上实验发现，原油乳状液组成与破乳剂结构的关系图版具有一定的广泛性和可信度，该模型的建立，对于破乳剂的筛选具有重要的意义。

三、孤岛油田破乳剂研究

通过破乳剂关系图版，可以有针对性地合成或筛选破乳剂，节省大量的人力、物力和时间。因此通过分析孤二联和孤五联原油的组成，合成了针对孤二联采出液的破乳剂 GD-02 和针对孤五联采出液的破乳剂 GD-05。

（一）采出液中原油组成的分析

孤二联和孤五联原油的组成见表 2-76。

表 2-76 孤二联和孤五联原油的组成

原油名称	油分（%）	胶质（%）	沥青质（%）	沥青质占活性组分的含量（%）	活性组分的含量（%）
孤二联原油	61.78	28.53	9.69	25.35	38.22
孤五联原油	56.08	31.01	12.91	29.39	43.92

根据表 2-76 中的有关数据，查关系图版，得到孤二联原油乳状液的适宜破乳剂应为非交联的树脂类破乳剂 TA1031；孤五联原油乳状液的适宜破乳剂为以月桂胺交联的树脂类破乳剂 BS-71。

（二）破乳剂室内合成

1. 合成原料及设备

实验合成原料包括：自制的酚醛树脂和改性双酚 A 起始剂；环氧丙烷；环氧乙烷；甲醇；甲苯；月桂胺等。

实验设备主要包括：高压釜；计量泵；真空系统等。

2. 合成工艺

称取一定量的起始剂和一定量的固体氢氧化钾投入高压釜中，将高压釜密封好并试压，用氮气置换 2~3 次；然后启动搅拌，升温至 100℃，启动真空泵抽真空。当温度升至 120℃时，停真空。打开进料阀，利用氮气压力将储罐内已称量好的环氧丙烷逐渐压入反应釜中。进料速度的控制以釜压不超过 0.4MPa 为准，并保持反应温度 130~140℃，进料完毕后，继续保持反应温度反应 0.5 h，降温至 120~130℃时加入环氧乙烷，反应压力为 0.2~0.3MPa，进料完毕后，继续保持反应温度反应 0.5 h，出料，得破乳剂 SD-02。

使用不同的起始剂，重复上述步骤，得到聚醚。按一定的物质的量与月桂胺交联剂进行反应，以二甲苯为溶剂，在 60~65℃的温度范围内常压反应 0.5h，得破乳剂 SD-05。

（三）破乳剂的调整与性能评价

利用合成的 SD-02 和 SD-05 两种破乳剂分别对孤二联和孤五联采出液进行破乳实验，发现合成的两种破乳剂都有较好的破乳脱水效果，脱水率较高。但由于采出液的组成比较复杂,一种破乳剂的综合效果不是很理想。就破乳剂 SD-02 而言,其对孤二联采出液的脱水率较高、界面情况较好,但脱出水的水色较深,水中含油量较高;破乳剂 SD-05 对孤五联采出液的脱水率较高,但界面情况不好,且脱出水的水色较深。因此,在破乳剂 SD-02 中复配了具有净水作用的成分,二者的质量比为 4:1,得孤二联采出液破乳剂 GD-02。在破乳剂 SD-05 中复配了具有净水作用和调整界面的成分,三者的质量比为 5:1:1,得孤五联采出液破乳剂 GD-05。

对得到的破乳剂 GD-02 和 GD-05 性能进行了评价,结果见表 2-77。

表 2-77 破乳剂 GD-02 和 GD-05 的性能评价

采出液	破乳剂	不同时间出水量 (mL)					最终脱水率 (%)	最终水色	最终界面	挂壁情况	吸光度
		15 min	30 min	60 min	90 min	120 min					
孤二联	GD-02	2.2	4.5	8.7	13.5	15.1	95.6	较清	较齐	不挂	0.43
	空白	—	1.5	2.7	3.2	3.5	26.8	浊	不齐	挂	0.83
孤五联	GD-05	2.5	4.8	9.3	13.9	15	96.3	较清	齐	不挂	0.31
	空白	—	1.3	2.5	3	3.3	23.7	浊	不齐	挂	0.91

注:破乳剂质量浓度为 100mg/L,实验温度为 50℃;采出液体积为 80mL,含水率为 20%。

由表 2-77 可知,针对孤二联和孤五联采出液的两种破乳剂都有较好的破乳脱水效果。120min 时脱水率均超过 90%,但 GD-02 脱出水的水质较差,这与孤二联采出液中含有较高的 HPAM 有关。

第三章 回注水水质稳定技术研究

第一节 回注水处理工艺

一、油田回注水的来源及特点

（一）回注水来源

目前我国大部分油田采用注水开发方式，平均每生产 1t 原油需要注 2~3t 水，增加了原油含水率，也就大大提高了原油在处理过程中分离出的污水量。在我国油田采出的原油含有 70%~95% 的水分，且油水比例逐渐加大。在油田多次采油中，从油井采出的液体，通过分离器将油水两相分开，油相输送到转油站，水相输送到污水处理站。水相在污水处理站中，经过除乳化油，沉降淤垢，过滤悬浮物等处理工序，再回注到油层中的水，称油田回注水。在我国现阶段的油气田开采工艺中，大多采用注水开采方式，补偿地层能量损失。绝大多数油田利用油田采出水作为注水水源，处理后注入地层驱油。

油田采出水处理后用于回注，既解决了注水水源问题，又保护了环境，为油田带来巨大的经济和社会效益。低渗透油田回注水水质要求严格，目前工业上还没有合适的处理方法，因此油田回注水处理已成为我国石油工业面临的重大技术问题之一。

（二）回注水特点

油田采出水成分复杂，水质、水量变化较大。其主要污染物是石油类，此外还含有硫化物、COD、挥发酚、氯化物、氟化物、氨氮、腐生菌和硫酸盐还原菌等，并具有一定的硬度和矿化度。油田回注水有着其自身的特殊性，即：水温较高、矿化度普遍较高、离子组分复杂、有机物多样、含油且油品乳化程度不一、水质极不稳定。适宜的温度和有机成分使得污水中滋生大量细菌，造成水质进一步恶化，从而堵塞输送管道和地层缝隙，对油田开采造成严重危害。

这种污水具有以下特点：（1）具有较高的油藏伤害性。对于中低渗透性油藏，进入油藏的外来流体中悬浮固体含量高，会堵塞油藏的孔喉并形成"栓塞"，H_2S、Fe^{2+}、Fe^{3+}等腐蚀性物质和腐蚀产物也会造成阻塞，降低油层渗透率和油井产量，提高注水压力和原油生产成本。（2）具有较强的腐蚀性。采油污水矿化度高且含有一定量的溶解盐、溶解O_2、H_2S、CO_2和细菌，具有较强的腐蚀性，有的甚至属强腐蚀介质。（3）具有一定的结垢性。采油污水为高矿化度介质，污水中含有大量的Ca^{2+}、Mg^{2+}、HCO_3^-、SO_4^{2-}等离子，压力、温度等条件的变化，会导致碳酸钙、硫酸钙等的形成。

回注水的水质直接影响油田开发效果，大量的油类、悬浮物、细菌等污染物将堵塞系统管网、地层孔道，降低注水量，提高采油成本，影响油田开发。因此必须将油田污水处理后才能回注。一般力求将这些超过规定指标的物质去除，以控制腐蚀、细菌生长及由此引起的水质不稳定。

二、采出水处理工艺

（一）孤岛各联合站采出水处理工艺

注聚开发前，污水处理采用重力沉降＋混凝沉降＋压力过滤工艺（图3-1），全厂外输污水含油量48mg/L左右，悬浮物30mg/L左右。

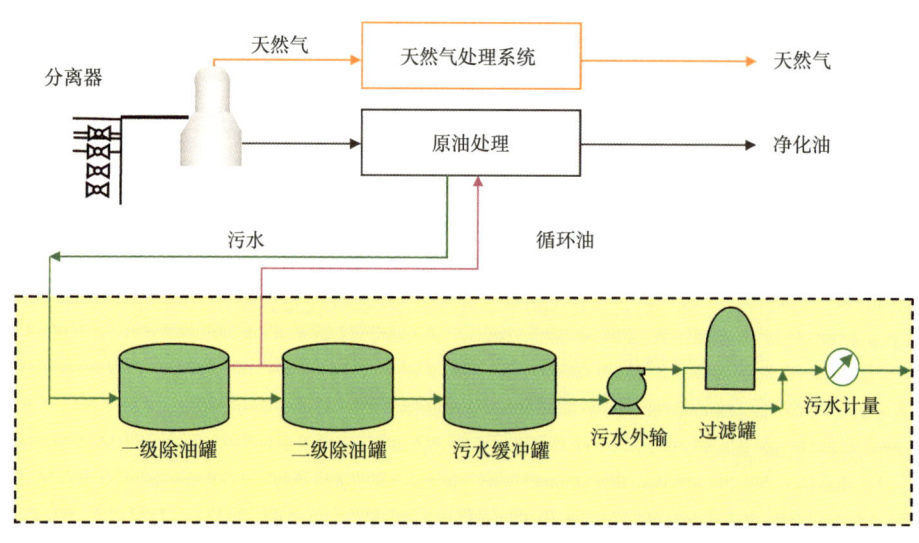

图3-1 孤岛油田污水处理站工艺流程图

大规模注聚开发后，该工艺明显不适应处理高含聚污水，除油、除悬浮物效果变差，压力滤罐因水中含油高被迫停用，处理后的污水含油严重超标，细菌含量高，达不到注水水质要求。水质差影响了注水、注聚开发效果，严重影响了油田开发的良性循环。对地面流程、注水井等沿程设施造成腐蚀、堵塞影响，也造成了较大的原油产量损失。

近年来，采油厂不断加大化学驱污水水质的治理力度，2008年先后在孤三污、孤六污进行了二级氮气气浮工艺改造，2012年在孤二污、孤四污扩大重力沉降+一级氮气气浮工艺改造，2013年在孤五污进行OPS聚结气浮处理工艺改造，配套净水药剂优选，使采油厂含聚污水含油、含悬浮物指标降至"双50"以下，基本解决了三次采油技术给油水处理带来的难题，保证各项指标的合格稳定。

污水处理工艺：主要采用重力沉降、氮气气浮、OPS处理工艺。

孤一联采用重力沉降处理工艺（图3-2），设计指标：含油量不大于50mg/L，悬浮物含量不大于50mg/L。

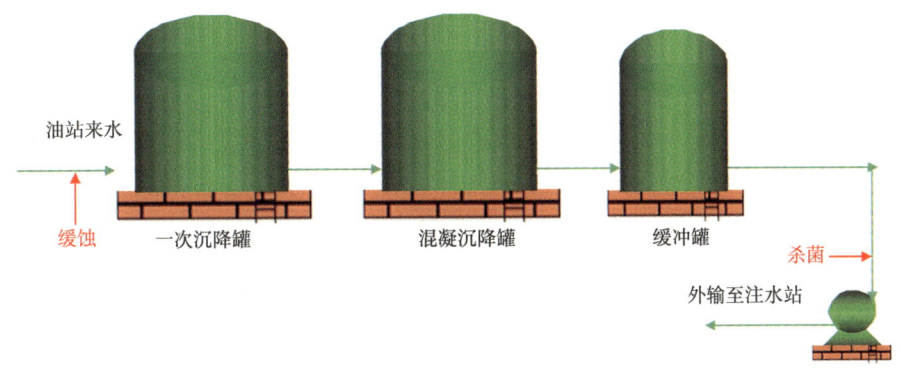

图 3-2　重力沉降污水处理工艺

孤二联、孤四联采用重力沉降+一级气浮处理工艺（图3-3，2012年投产），设计指标：含油量不大于50mg/L，悬浮物含量不大于50mg/L。

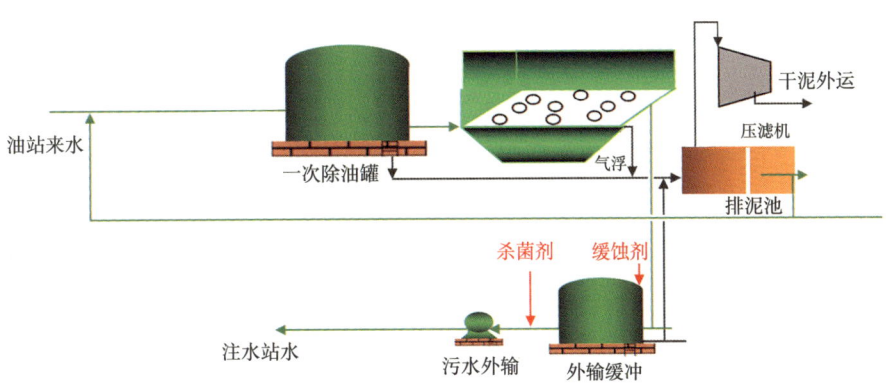

图 3-3　重力沉降+一级气浮污水处理工艺

孤三联、孤六联采用重力沉降+两级气浮处理工艺（图3-4，2008年投产），设计指标：含油量不大于50mg/L，悬浮物含量不大于50mg/L。

孤五联采用OPS聚结气浮工艺(图3-5,2013年投产),设计指标:含油量不大于50mg/L,悬浮物含量不大于30mg/L。

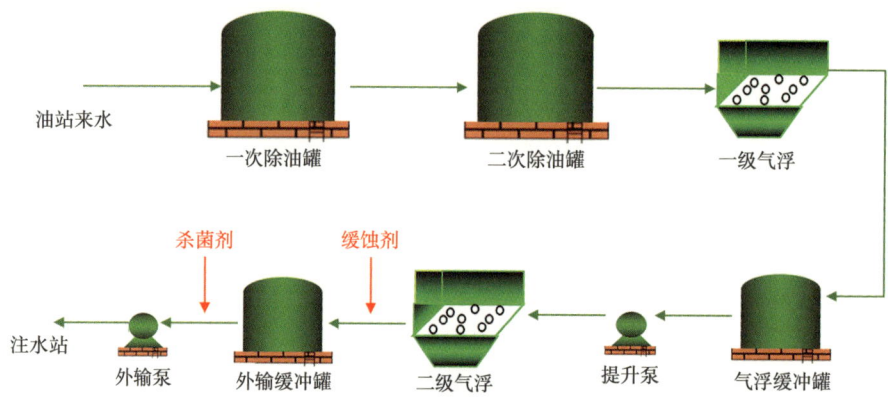

图3-4 重力沉降+两级气浮污水处理工艺

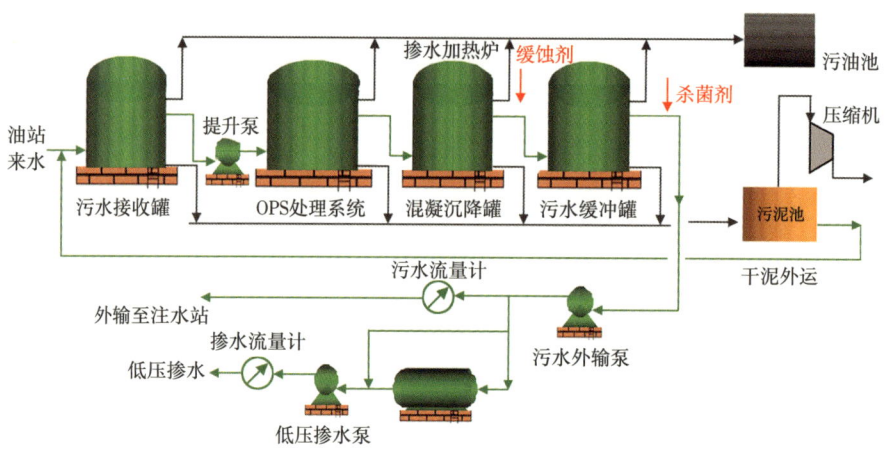

图3-5 OPS聚结气浮污水处理工艺

(二)污水处理工艺技术在孤岛油田的试验应用

1. 电絮凝工艺

该工艺原理是在外加直流电场的条件下,牺牲阳极铝板,产生Al^{3+},从而使污水中原油悬浮颗粒絮凝,达到净水目的。

该工艺经过孤二联孤南Ⅱ站小试,获得成功。日处理能力160m^3,处理后污水含油量小于30mg/L。2006年,该工艺在孤五联进行扩大试验应用,日处理污水1700m^3,处理后污水作为注聚合物配聚使用,效果较好,扩大试验后,污水含油量在50mg/L左右。

该工艺缺点:(1)耗电大;(2)扩大试验中,由于添加絮凝剂多,生成污泥多,且处理成本较高。

2. RSK 处理工艺

RSK 处理工艺采用紊流矩阵和多极串联旋流工艺,在投加无机絮凝剂条件下,使水中的油和悬浮物得以去除,经过孤二联小试和孤六联扩大试验,取得明显效果。

在投加聚铝 100mg/L 条件下,污水含油量降至 30mg/L 以内,悬浮物含量在 10mg/L 以内,日处理能力(中试)达到 2200m³。

该工艺优点:(1)药剂投加量相对较少;(2)工艺操作简单,设备运行平稳;(3)处理成本低,少于 0.4 元/m³。

该工艺缺点:(1)产生的废渣量较多(3%);(2)产生的污油回收和处理不完善。

3. 双级气浮—絮凝工艺

该工艺采用二级气浮加一级絮凝工艺,即:(1)采用气浮工艺,将污水中的大部分浮油去除,去除的浮油可以直接进入联合站系统,不影响原油脱水;(2)之后在污水中加入阳离子降油剂 5mg/L,继续去除原油(进系统);(3)在污水中加入 70mg/L 絮凝剂和 3mg/L 助凝剂,去除水中的悬浮颗粒;(4)产生的污泥采用烧结工艺进一步处理。

2006 年,经过孤六联试验,取得良好效果:(1)回收的原油进入系统,系统正常;(2)处理后的污水含油量在 10~20mg/L 之间,运行平稳。利用该工艺于 2008 年对孤三联、孤六联实施污水站改造。

优点:(1)除油效果好,指标运行平稳;(2)回收的原油不影响脱水;(3)产生的污泥处理工艺可行。

缺点:(1)运行成本高(主要是化学药剂);(2)系统操作较复杂。

运行方式:采用 BOT 模式运行。

4. 微生物处理工艺

油田采油院在孤四联试验了采用微生物降解工艺处理含聚污水工艺。工艺原理:(1)利用繁殖的微生物消耗分解水中原油;(2)利用曝气工艺降低污水 COD。试验目标:污水中原油含量降至 10mg/L 以内,COD 值降至 150mg/L,达到污水外排三类指标。

试验结果:日处理能力 300m³,污水含油量小于 10mg/L,COD 在 170~220mg/L 之间。

5. 采用阳离子聚丙烯酰胺复合处理剂

2003 年,油田检测中心在孤岛试验了利用阳离子聚丙烯酰胺和聚合氯化铝(聚合硫酸铁)技术去掉原油和悬浮物。该技术主要作用机理:(1)利用无机絮凝剂使污水中的固体颗粒絮凝、聚集并吸附原油;(2)利用阳离子聚丙烯酰胺的阳离子中和及桥连作用,使已絮凝的小絮体聚集长大,上浮或下沉,从而起到净水效果。

该项目在孤二联污水站进行试验:首先在污水站来水处投加无机絮凝剂(15~30mg/L),之后加入阳离子聚丙烯酰胺(15mg/L)。

试验效果：试验前，外输污水含油量为1300mg/L，最高达到1700mg/L，加药后，外输污水含油量降至120~220mg/L，悬浮物含量也由试验前的160mg/L降至50~70mg/L。

缺点：(1) 由于阳离子聚丙烯酰胺价格在4.5万元/m^3，因而处理成本高（0.9~1.2元/m^3）；(2) 使用阳离子降油剂产生的污油呈块状，处理困难；(3) 由于试验中采用了大量无机絮凝剂，因而造成污油难回收，影响脱水器电场。

三、孤岛供注水系统管网现状

孤岛油田经过了50年的开发历程，目前处于三高、深度开发阶段；伴随着油田的逐步开发，由于聚合物、硫化氢、二氧化碳、溶解氧及细菌等多种成分的综合作用，供注水系统腐蚀、结垢严重，管线堵塞；造成注水井口水质不达标、注聚油压高且黏度降低、掺水管网结垢堵塞，严重影响了采油厂的正常生产运行。

通过沿程水质变化现状调研，回注水的四个主要指标中，悬浮固体含量和SRB沿程变化现象最为突出。一方面污水中聚合物含量高，阴离子HPAM与加入药剂反应，生成分子聚集体，与水相中油滴、悬浮物及细菌代谢产物聚成絮团，在管线管壁不断沉积沉淀堵塞注水管网。另一方面腐蚀、细菌造成水中不稳定物质铁离子、硫化物等含量增加，不稳定物质生成沉淀进一步影响水质，同时管道及构筑物中腐蚀产物和垢不及时清污也造成系统堵塞。由于供注水系统腐蚀结垢造成掺水系统管网结垢堵塞严重，注水井口水质不达标，地层堵塞，注入压力增大，注聚油压高，管柱堵塞，井口黏度降低等问题，严重影响生产，甚至影响采收率。

掺水系统方面，孤岛采油厂截至2015年共有掺水井719口，在用292口，日掺水4136m^3，其中低压掺水量2864m^3/d，占全厂掺水井日掺水量的70%。目前在用9套低压掺水系统，管网大部分为铁管，总长度为85km。

低压掺水系统经过长时间运行，从设备到管线均存在较多问题。由于受污水水质影响，全厂在用的11台掺水泵中有6台存在泵轴承和机械密封经常性损坏问题（图3-6）；另外，采油厂80台加热炉中，有15台存在不同程度的加热炉盘管腐蚀穿孔和结垢堵塞问题（图3-7），既影响了掺水升温的效果又影响了掺水井的正常生产。

受污水结垢影响，掺水支干线和单井掺水管线普遍存在管损大、掺水压力低的问题。在冬季经常造成掺水干压偏低，甚至出现部分单井掺水管线堵塞的现象（图3-8）。管损严重的管线目前共有150条，占全厂掺水管线的14.5%，严重影响了采油厂稠油生产。同时，由于掺水水质差，易结垢，堵塞掺水表（图3-9），也造成了掺水间计量表存在较大的计量误差。

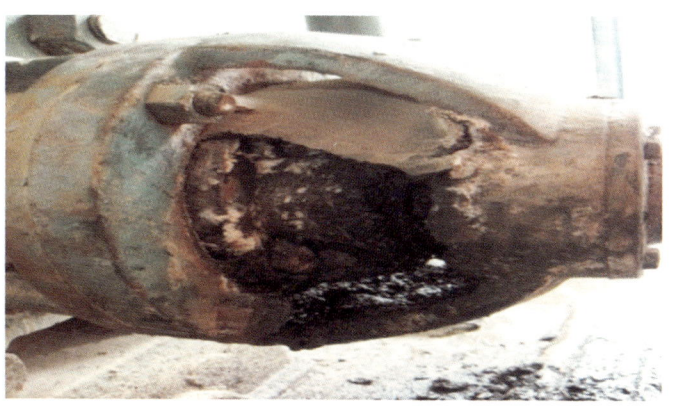

图 3-6　掺水泵轴套腐蚀渗漏

图 3-7　掺水加热炉盘管穿孔

图 3-8　单井掺水管线堵塞

图 3-9　掺水表计流道堵塞

通过分析掺水系统各节点存在的问题，掺水水质差、结垢严重是造成掺水系统隐患的主要原因。如若单纯通过辅助设施维修、清洗或更换管网、更换掺水表等措施来解决低压掺水系统问题，需累计投入1282万元。但由于掺水水质没有得到根本改善，还需后续持续进行投资，费用较高且效果较差。

注水方面注水系统管线结垢、堵塞严重（图3-10），沿程水质发生较大的变化，初步分析是由于溶氧、腐蚀、细菌滋生等多种原因引起的，造成注水二次污染，直接导致含油量、悬浮物含量、粒径中值三项指标超标。结合采油厂水质化验情况，30条检测线水质合格率仅为43.3%，有17条检测线水质检测不合格。在孤岛油田主力油层馆上段，由于聚合物堵塞、水质差两项造成欠注层占总欠注层数的34.3%。

a.西1-5-2支干线油泥堵塞　　b.南2-12至渤76支干线油泥堵塞　　c.GDN29X05井结垢情况

图 3-10　注水管网堵塞

注聚系统主要表现在井口管线堵塞严重，油压高。近年来，注聚地面管线逐步更换为玻璃内衬管，腐蚀结垢问题得到极大缓解，目前存在的主要问题是，部分注聚井管柱堵塞严重。对GDD5N25作业换管柱时发现井口管线堵塞严重（图3-11），目前15#-1站的双管分层井还有GDD1-026、GDD5-023、GDD5-28、GDD5N27四口分层井6年未动管柱作业，预计同样存在管线堵塞的问题。同时由于管线堵塞、水质不稳定也对注聚井井口黏度造成一定影响。

图 3-11 GDD5N25 管柱

针对这一系列问题，孤岛油田从源头开展水质沿程变化影响因素分析，分析各指标变化原因，研究掺水结垢的机理及结垢类型，在分析基础上开展沿程水质稳定控制措施研究，重点做好源头治理及过程控制。在源头治理方面，开展水质改性研究，调整水性，去除成垢离子，去除硫、铁等还原性物质，优化三防药剂投加工艺；在过程控制方面，开展沿程防腐抑菌工艺、管线大罐清污工艺研究优化，解决供注水系统腐蚀、结垢堵塞的问题，见到明显效果。

第二节 水质稳定性影响因素分析

一、孤岛污水水质及典型堵塞物分析

（一）污水水质分析及碳酸盐结垢趋势预测

参照行业标准 SY/T 5523—2016《油田水分析方法》、SY/T 0600—2016《油田水结垢趋势预测》，对现场水样及历史分析数据进行结垢预测，结果见表 3-1、表 3-2。

表 3-1 孤岛各污水站水质分析数据

水样	水质（mg/L）								水型
	Ca^{2+}	K^++Na^+	Mg^{2+}	Cl^-	SO_4^{2-}	CO_3^{2-}	HCO_3^-	矿化度	
孤一污	170.3	3160.95	18.23	4527.32	56.44	—	1135.28	9068.51	$NaHCO_3$
孤二污	137.8	2441.08	4.56	3487.71	20.41	18.24	855.16	6964.97	$NaHCO_3$
孤三污	177.9	2044.23	16.71	3018.21	—	—	856.11	6113.16	$NaHCO_3$
孤四污	150.3	2524.76	3.04	3521.25	—	36.49	1038.8	7274.64	$NaHCO_3$
孤五污	225.4	2820.64	9.11	4393.18	20.41	—	630.7	8099.44	$CaCl_2$
孤六污	100.2	1765.84	33.42	2414.57	—	18.24	966.46	5298.73	$NaHCO_3$
垦利污	305.6	2983.45	3.04	4007.52	—	36.49	1892.11	9228.2	$NaHCO_3$
垦西污	390.8	4887.73	27.34	7646.14	20.41	—	1113	14085.43	$CaCl_2$

表 3-2　孤岛各污水站结垢趋势预测

水样	结垢趋势				
	30℃	40℃	50℃	60℃	70℃
孤一污	无	轻微	轻微	严重	—
孤二污	无	无	轻微	轻微	严重
孤三污	无	轻微	轻微	严重	—
孤四污	无	轻微	轻微	严重	—
孤五污	无	轻微	轻微	严重	—
孤六污	无	无	轻微	轻微	严重
垦利污	轻微	严重	严重	严重	—
垦西污	轻微	轻微	严重	严重	—

分析评价发现，各站污水矿化度不高，水样有一定的结垢趋势，除垦利污、垦西污外，Mg^{2+}、Ca^{2+} 浓度不高，因此 $CaCO_3$、$MgCO_3$ 型垢不多，SO_4^{2-} 含量不高，一般在60mg/L以下。在水温50℃左右时碳酸盐垢有轻微结垢趋势，无明显结垢现象，说明矿化度和碳酸盐类、硫酸盐类结垢不是水质稳定性差、沿程管线堵塞的主要因素。

（二）含油量及悬浮物含量影响分析

外输污水中一定含量的悬浮物在注水过程中，由于压力、流速变化，以及管损等因素影响，悬浮物聚集沉降，易在管壁附着，造成管线结垢堵塞；而含油、含聚合物，更有利于悬浮物的聚集沉积（表3-3）。

表 3-3　外输水含油量及悬浮物含量分析　　　　　　　　　　　　　　单位：mg/L

水样	含油量		悬浮物含量		含聚合物质量浓度
	指标	实测	指标	实测	
孤一污	50	25.3	50	6.2	43
孤二污	50	21.9	50	36	81
孤三污	50	23.8	50	75.9	210
孤四污	50	68.6	50	11.5	140
孤五污	50	18.2	30	29.7	73
孤六污	50	25.6	50	47.3	235

（三）典型管线堵塞物及影响因素分析

将注水管线中垢样人工分层，分为管芯（表层）垢样和管壁（内层）垢样开展分析，发现垢样中有机成分较高，无机成分低。

分析管线及罐底堵塞物（表3-4、图3-12、图3-13）可以看出：

（1）管线内堵塞物除去水分和油后，固体堵塞物以酸可溶物为主。

（2）孤六注罐底沉积物主要为有机垢沉积，有机垢主要组分为聚合物。

（3）注水管线管芯除油烘干后，垢样呈黑色，且垢样酸溶过程中产生较大刺鼻 H_2S 气味,均表明垢样中含有 SRB 的代谢产物 FeS。

但从管线取出的垢样分析发现,垢样中酸(HCl)不溶物含量均不超过 10%,可见悬浮物不是造成管线结垢堵塞最主要的因素。

掺水管线垢样黏性较大,由油砂、金属垢等多种成分组成。

表 3-4　典型管线堵塞物组成分析　　　　　　　　　　　　　　单位:%

堵塞物	油	水分	酸可溶物	酸不溶物	有机垢
掺水管线垢样	23.5	33.8	36.4	5.3	1.0
注水管线管壁	27.7	35.2	23.6	11.4	2.1
注水管线管芯	30.9	42.7	10.3	13.6	2.5
注水站罐底沉积物	7.2	68.1		1.7	23

a. 处理前

b. 洗油后

图 3-12　掺水管线垢样

a. 处理前

b. 洗油烘干后

图 3-13　注水管线垢样

(四)外输污水细菌含量及腐蚀速率影响分析

对各联合站污水 SRB、TGB 及铁细菌进行全检测发现(表 3-5),细菌含量高,细菌在注入过程中,沿程代谢产生大量代谢产物,造成管线堵塞、腐蚀,以及水质变差等问题。

表 3-5 采出水细菌含量检测

水样	水型	pH 值	SRB（个/mL）	TGB（个/mL）	铁细菌（个/mL）
孤一污	$NaHCO_3$	7	25	2.5	25
孤二污	$NaHCO_3$	7	600	25000	60
孤三污	$NaHCO_3$	7	2500	2500	600
孤四污	$NaHCO_3$	7	60	2500	250
孤五污	$CaCl_2$	7	60	6000	2500
孤六污	$NaHCO_3$	7	600	6000	6000

外输水中溶解氧随着腐蚀的消耗，好氧菌 FB、TGB 作用逐步降低，对 SRB 来说，厌氧环境、适宜的水温及含有大量的有机物使其能够生长繁殖迅速，SRB 超标严重：

（1）液态环境下，SRB 能够在固体材料表面（管壁、罐壁、罐底等）附着进而形成生物膜。

（2）生物膜下层会形成无氧、缺氧区，SRB 能够在该环境下快速繁殖，这是造成细菌含量急剧增加的关键原因。

（3）细菌代谢产物不仅对金属的腐蚀过程起到了促进阴极去极化的作用，加剧腐蚀，而且代谢产物为 FeS，还能造成管线及地层堵塞。

（4）生物膜对原油和悬浮物具有黏附作用。

通过上述孤一污—孤六污污水水质分析及评价，开展水质稳定及影响因素机理研究，认为孤岛污水矿化度及 Ca^{2+}、Mg^{2+}、SO_4^{2-} 含量不高，结碳酸盐、硫酸盐垢趋势不明显。造成孤岛回注水不稳定、沿程系统管线堵塞的原因主要是含聚污水对常规杀菌剂影响大，且污水中营养底物丰富。针对孤岛含聚污水的杀菌剂药剂量需求大、效果稳定性差，造成沿程污水 SRB、FB、TGB 升高，腐蚀加重，细菌和腐蚀综合作用使不稳定物质增加，影响水质稳定性。

二、腐蚀影响因素分析

经分析发现，注水系统腐蚀是由不同腐蚀因素共同作用的结果。回注水中存在的主要腐蚀影响因素包括盐类、硫化物、细菌、pH 值、CO_2 和聚合物含量等。

（一）盐类的影响

特征腐蚀为氯化物的应力腐蚀和高矿化度引起的浓差腐蚀。由于氯离子具有较高的极性和穿透性，能在金属表面发生优先吸附，特别是在金属表面保护膜有缺陷或薄弱处，氯离子可以达到较高浓度，再加上它的强穿透性，从而导致局部腐蚀，形成蚀坑。

从孤岛污水水质分析数据看出（表 3-1），孤岛油田部分区块氯离子含量较高，达到 10000mg/L 以上，各联合站氯离子含量也在 4000mg/L 左右，对污水腐蚀贡献率较高。

(二)硫化物的影响

SO_4^{2-}比较容易与Ca^{2+}、Mg^{2+}等其他离子反应产生沉淀,形成垢下腐蚀。垢的存在能形成电化学腐蚀,垢下的局部区域为腐蚀的阳极区,如果阴阳极面积比足够大,就会形成大阴极、小阳极的电偶腐蚀,大大加快腐蚀速率。

孤岛污水中一般不存在硫酸根离子或含量较低(一般在60mg/L以下),但由于孤岛部分稠油属于高含硫稠油,含硫量一般在2%左右,在热采环境下,稠油中硫化物分解,造成污水中硫化物升高。

(三)细菌的影响

细菌腐蚀以硫酸盐还原菌腐蚀为主。在厌氧环境中有硫酸盐还原菌(SRB)存在时,与污水接触的钢铁表面可形成若干对腐蚀电池,其反应如下:

$$4Fe \longrightarrow Fe^{2+}+3Fe^{2+}+8e^-$$

油井采出水中含有SO_4^{2-},SRB靠它的氢化酶与SO_4^{2-}进行反应:

$$4Fe+SO_4^{2-}+4H_2O \longrightarrow FeS+3Fe(OH)_2+2OH^-$$

(四)pH值的影响

一般情况下,水的pH值在7.0左右,对金属腐蚀轻微。根据不同pH值对金属钢材的腐蚀影响规律,随pH值降低,腐蚀速率增大。

(五)CO_2的影响

CO_2溶于水中,可生成H_2CO_3,使水的pH值降低,从而形成强腐蚀介质环境。与Fe反应造成金属腐蚀,腐蚀产物碳酸盐($FeCO_3$、$CaCO_3$)或结垢产物膜在钢铁表面不同区域的覆盖程度不同,不同覆盖度的区域之间形成自催化作用很强的腐蚀电偶,CO_2的局部腐蚀就是这种腐蚀电偶作用的结果。

(六)聚合物含量的影响

污水中的残余聚合物会与水中的微小油滴、悬浮物、碳酸盐($FeCO_3$、$CaCO_3$)或结垢产物聚集,吸附沉积在钢铁表面不同区域,由于覆盖程度不同,不同覆盖度的区域之间形成腐蚀电偶,造成垢下腐蚀,同时阴离子型聚合物也会与杀菌剂、缓蚀剂吸附反应,影响药剂效果,加重腐蚀。

对孤岛典型的低含聚采出液(孤一联,20~40mg/L)、中含聚采出液(孤二联、孤五联,50~80mg/L)和高含聚采出液(孤六联,130~300mg/L)腐蚀速率进行跟踪分析(表3-6)发现,高含聚污水腐蚀速率明显高于低含聚污水,且有上升趋势,腐蚀是造成污水不稳定的主要因素。

表 3-6　联合站腐蚀速率跟踪分析（现场挂片）

年度	腐蚀速率（mm/a）			
	孤一污	孤二污	孤五污	孤六污
2015	0.0151	0.0211	0.0595	0.0512
2016	0.0020	0.0899	0.2255	0.1487
2017	0.0165	0.1552	0.5640	0.5837

注：孤五联污水来源复杂，受首站返回污水、西区废液池污水回收影响大，腐蚀速率波动较大。

注水管网发生腐蚀后，腐蚀产物还会随着注入水一起经井筒进入地层，堵塞地层，导致地层渗透率严重降低，注水压力急剧上升。

三、结垢影响因素分析

注水系统结垢主要包括三个因素：（1）水中杂质及腐蚀产物沉积，主要造成注水井底堵塞，影响正常注水；（2）碳酸盐析出，主要造成注水管网结垢，影响注水效率；（3）注入水和地层水不配伍，主要造成近井地带堵塞，使注水井压力升高。

影响结垢的因素很多，主要有以下几个方面。

（一）温度的影响

温度对结垢的影响主要是改变了溶液中易结垢盐类的溶解度。水中常见结垢如碳酸钙（$CaCO_3$）、硫酸钙（$CaSO_4$）、硫酸钡（$BaSO_4$）和硫酸锶（$SrSO_4$）等的溶解度均随温度的升高而降低。

（二）pH 值的影响

如果溶液 pH 值低，则水酸性强，水中只有 CO_2、H_2CO_3，抑制垢的生成，碳酸钙等不易形成，但 pH 值太低会加快腐蚀。pH 值高，则结垢趋势增强。

（三）CO_2 分压的影响

随着含水原油从地层中采出，压力降低，反应过程向生成碳酸钙等沉淀的方向进行。生产过程中分离出来的水进入下游的排放管线后，压力不断降低，水中碳酸钙等沉淀进一步析出。

从前面水质分析的结果来看，孤岛采油厂除垦利、垦西油田部分区块 Ca^{2+}、Mg^{2+} 含量较高外，其他区块 Ca^{2+}、Mg^{2+} 含量不高，且采出水中 SO_4^{2-} 含量不高，一般不含 Ba^{2+}、Sr^{2+}，所以孤岛油田一般不产生硫酸盐垢，注水温度在 45℃ 左右，结碳酸盐垢趋势不明显，不是注水系统沿程管线堵塞的主要因素。部分掺水井掺水过程中经过加热升温，结碳酸盐垢对管线堵塞的贡献相对较大，但不是主要因素。

第三节　污水水质与水质稳定性影响关系

一、油田回注水中硫的来源、存在形式及影响

油田回注水中硫化物的来源可以分为几个方面：（1）原油中含硫组分在地层中由于热采等原因，在一定压力、温度、含水条件下发生化合反应生成不同类型硫化物；（2）各种钻井液、压裂液的注入，使含硫化合物进入地层，又随采出液进入集输系统；（3）在原油采出及输送的过程中，在集油管线、储油罐及压力容器等厌氧环境下，输送液中的SO_4^{2-}等高价态的离子在硫酸盐还原菌的作用下，被还原成低价态硫（如S^{2-}），与流动液中某些阳离子反应形成硫化物。

油田回注水中的硫主要以H_2S、HS^-、SO_4^{2-}、S^{2-}、FeS（通常质量浓度小于10mg/L）及酸可溶性金属硫化物、未电离硫化物的形式存在。单质S和SO_4^{2-}都能在硫酸盐还原菌的作用下，还原成S^{2-}。硫和硫化物都直接或间接地对污水处理与回注设备（管道、罐、泵等）有不同程度的腐蚀作用。水中的S^{2-}由于其外层电子云极易变形，穿透能力强，对钢铁具有比Cl^-更强的腐蚀性，因此常在钢铁表面形成局部腐蚀或坑蚀，最终使管壁穿孔，破坏注水系统，干扰正常生产。其腐蚀的产物为不溶于水的黑色胶状FeS悬浮物，S^{2-}的一部分消耗于构成细菌的原生质，一部分与污水中的Fe^{2+}作用生成FeS沉淀。FeS稳定性极好，能使处理后的水迅速变黑发臭，悬浮物增加。注入过程使沿程管柱堵塞，在地下堵塞地层，使油层吸水能力下降，注水压力不断升高，影响水井增注，使防治腐蚀措施有效期缩短，费用增加。同时FeS又是一种乳化油稳定剂，其在地面将导致除油难度增加，注入地下将导致注入性能下降，堵塞管网及地层，并使地层原油乳化堵塞渗油孔道，降低水驱油效果；还可能导致井眼堵塞，使洗井和酸化的次数增加，从而增加作业费用。另外FeS与其他污垢结合时，常附着于泵筒和管壁上，使其与管壁之间形成更适于硫酸盐还原菌生长的封闭区，进一步加剧油管和泵筒的腐蚀，在管壁上形成严重的坑蚀或局部腐蚀，最终导致管壁穿孔，破坏污水和注水设备。

从孤岛油田联合站外输水至注聚站沿程各节点污水取样分析S^{2-}、Fe^{2+}结果看（表3-7），污水中硫化物含量在从联合站到注聚站输送过程中逐渐升高。

表3-7　污水沿程取样检测结果

节点	S^{2-}（mg/L）	Fe^{2+}（mg/L）
联合站外输水	0.3	0.4
注水站进口	1.2	0.5
注水站出口	2	0.5
配聚站	2.5	0.5
注聚站	2.8	0.8

将现场外输水密闭隔氧放入恒温箱中，连续检测硫化物含量。发现随时间延长，硫化物含量增加（图3-14），以上检测结果说明，污水系统中硫化物是由 SRB 代谢产生的，控制硫化物的关键就是控制 SRB。

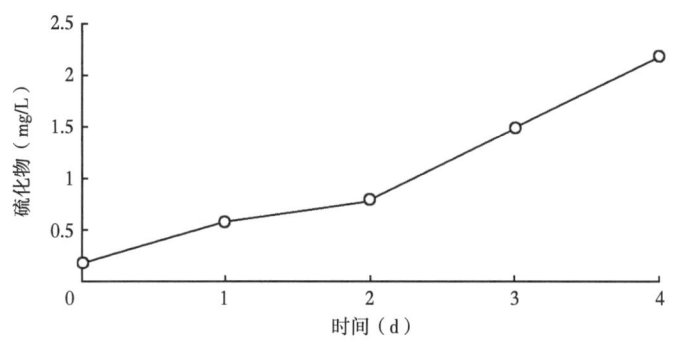

图 3-14　联合站外输水 S^{2-} 室内变化

二、细菌种类、来源及影响

在油田回注水中，危害最大的细菌有硫酸盐还原菌（SRB）、铁细菌（FB）和腐生菌（TGB）。

（一）硫酸盐还原菌的影响

硫酸盐还原菌（SRB）是一种兼性耐氧型微生物（非严格厌氧型），油田一般存在的硫酸盐还原菌是去磺弧菌属，在油田中最适宜的生长温度为20~40℃。SRB 生长适宜的 pH 值范围为6.5~7.5，在该范围内，菌量随 pH 值变化不大。金属离子尤其是重金属离子对 SRB 的生长代谢有抑制作用，硫酸盐质量浓度较高时，Ca^{2+} 和 Na^+ 对 SRB 活性也有抑制作用。

硫酸盐还原菌的主要危害是对金属表面的去极化作用，由于其氢化酶的作用，将硫酸盐还原成硫化物和初生态氧 [O]，而 [O] 与 [H] 去极化生成 H_2O，靠它的去极化作用加速对管道和设备的腐蚀。有提出由 SRB 产生的 S^{2-} 与铁作用产生 FeS 附着在铁表面形成阴极，与阳极金属铁形成局部电池，在 FeS 表面发生阴极去极化的析氢反应，使金属表面发生腐蚀。存在于油层中的 SRB 还能将硫酸钙还原为硫化物，同时生成碳酸钙沉淀。特别是在油—水接触区中的岩石，由于碳酸钙沉淀物堵塞了孔隙，使油层的渗透率降低，从而降低油井产量。SRB 主要是成群或成菌落附着在管壁上，其生成的产物在管壁、器壁或地层中形成结垢，对设备形成堵塞和腐蚀。而在结垢下的厌氧环境中又为 SRB 的代谢创造了条件。SRB 的代谢过程往往会引起表层生物膜的脱落造成多种形式的堵塞。

（二）铁细菌的影响

铁细菌（FB）是好氧自养菌和兼性自养菌的通称，其种类很多，常见的铁细菌有球衣细菌（*Sphaerotilus*）属、鞘铁细菌（*Sid-erocapsa*）属、嘉氏铁柄杆菌（*Gallionella*）属、储铁细菌属等。铁细菌的生长需要铁，它能在氧化二价铁成三价铁化合物的过程中起催化作用，并大量分泌氢氧化铁沉积结垢，同时从中获得能量以满足生命需要。弱酸性环境对铁细菌发育有利，碱性水中不适宜铁细菌生长，因碱性水中亚铁易氧化而沉淀。

铁细菌具有附着在金属表面的能力和氧化水中亚铁离子或由金属表面微电池溶解出来的亚铁成为氢氧化铁的能力，使高铁化合物在铁细菌胶质鞘中沉积下来。这样形成了包含菌体和氢氧化铁等组成的结瘤，使水流中的溶解氧很难扩散到瘤底部的金属表面，另外菌的呼吸也消耗了氧，使该区域成为贫氧区，而结瘤周围氧浓度相对较高，形成氧浓差电池。瘤下部的缺氧区为腐蚀电池的阳极区，瘤周围为阴极区。管壁阳极区溶解出亚铁离子向外扩散，能到表面的可以被铁细菌氧化，未能到表面的成为氢氧化亚铁。这样结瘤可以逐渐扩大，阳极区腐蚀随之加深。由于瘤底部缺氧，能加速硫酸盐还原菌的繁殖，并造成系统管网、注水井管柱和过滤器的堵塞。

（三）腐生菌的影响

腐生菌（TGB）是好氧异养菌的一种混合体，通常附着在管道上形成黏稠的一层，亦称为黏液形成菌，常见的有气杆菌、黄杆菌、巨大芽孢杆菌、荧光假单胞菌等。腐生菌繁殖的适宜环境是低矿化度、温度为25~35℃。TGB大量繁殖的结果是形成肉眼可见的菌膜和悬浮物，与铁细菌、藻类、原生动物一起在管线或设备上形成生物垢，从而堵塞污水管线、水处理设备和油层。

腐生菌（TGB）能生物降解各种有机处理剂，同时产生的大量菌体和黏性代谢产物与机械杂质等一起进入地层，引起地层堵塞和油层酸化。它们产生的黏液与污泥中各种杂质一起附着在管线和设备上，堵塞注水井和过滤器。同时，黏泥底下容易产生硫酸盐还原菌，造成局部缺氧条件，给硫酸盐还原菌的生长繁殖提供了很好的条件。

三种细菌除了自身对油田的危害，三者之间又存在一定的内在联系，一方面由于FB和TGB是好氧菌，首先消耗了溶解在水中的氧气，给厌氧菌SRB提供了无氧条件，使SRB迅速繁殖起来；另一方面FB释放的能量又可将H_2O和CO_2同化成有机物，与油田污水富含的有机物一同供给其本身和其他类群的细菌生长繁殖。因此如何控制SRB、FB、TGB这三种菌成为油田污水处理中不可忽视的问题。

三、其他因素对管线结垢堵塞的影响

室内研究表明，由于孤岛部分联合站污水中聚合物含量高，阴离子HPAM与加入的阳离子药剂（净水剂、杀菌剂等）反应，生成分子聚集体，与水相中油滴、悬浮物聚成絮团，在污水沉降罐、外输调水管线及注水泵前过滤器处沉淀堵塞注水管网（图3-15至图3-17）。

注水罐罐底污泥、沿程设施管道二次污染，导致污水站至各配水间、配聚间及井口的管线内累积油泥多，细菌滋生迅速，代谢产物 FeS 沉积下来，堵塞管道。

铁垢与分子聚集体协同作用，相互黏附，凝结了大量的胶质、沥青质、油砂等多种杂质成分，形成堵塞物，造成管网输送能力降低，系统压力升高，外输污水二次污染严重。

图 3-15　过滤器堵塞

图 3-16　沿程管线二次污染

图 3-17　罐底污泥二次污染

四、各联合站外输污水水质稳定性评价实验

对各联合站污水进行室内水质稳定性及挂片水质稳定性评价（表3-8、图3-18），对比污水及评价污水对沿程管网的影响。

表 3-8 外输污水稳定性室内评价

样品名称	平均腐蚀速率（mm/a）	过滤底部沉淀含量（%）	
		空白	加挂片
孤一污	0.0042	—	—
孤二污	0.033	0.4	0.72
孤三污	0.0029	微量	0.12
孤四污	0.0017	—	—
孤五污	0.027	0.24	0.4
孤六污	0.0015	—	—

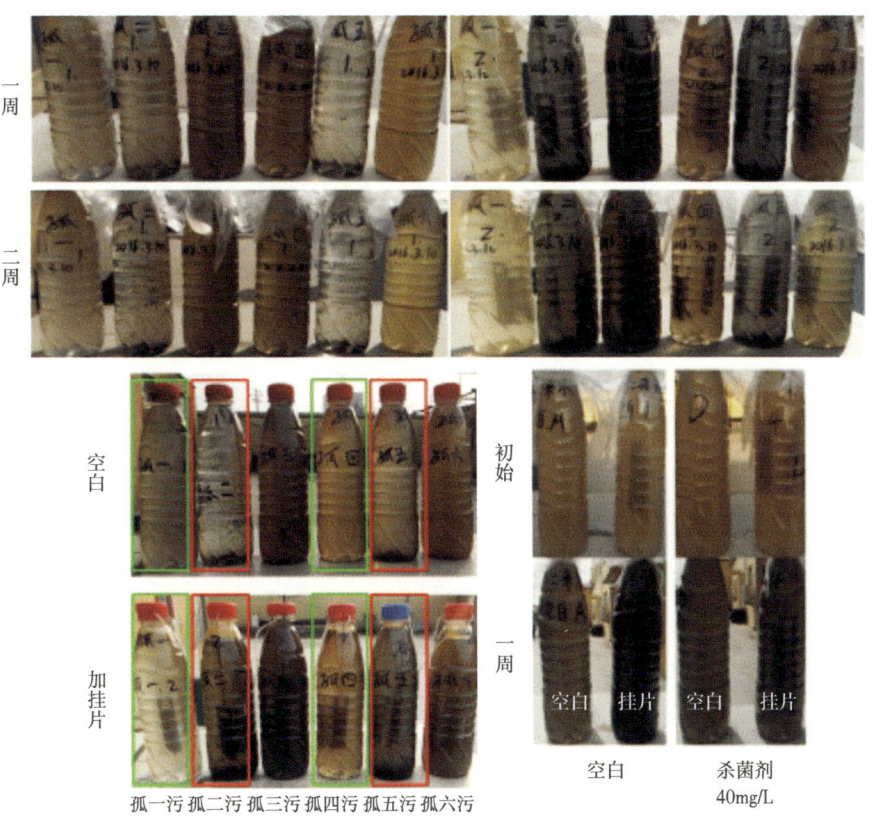

图 3-18 外输污水稳定性室内评价

大量室内实验发现，除孤一污、孤四污变化不明显外，其他各站挂片后水质均有所变黑，说明产生 FeS，孤二污、孤五污更明显，且底部产生较多沉淀，腐蚀速率偏高（室内约为其他站10倍），加入挂片后沉淀量明显增多，说明当有铁存在时，污水稳定性变差更

为严重。实验发现针对含聚污水现场，杀菌剂效果差，所需药剂量大，且效果不稳定。下步重点针对孤二污、孤五污和含聚合物浓度高的孤六污开展研究。

五、水质稳定性与系统堵塞影响因素分析

通过联合站污水处理工艺调研及沿程水质变化分析，发现回注水的四个主要指标中，悬浮固体含量和 SRB 沿程变化现象最为突出。一方面污水中聚合物含量高，阴离子 HPAM 与加入药剂反应，生成分子聚集体，与水相中油滴、悬浮物及细菌代谢产物聚成絮团，在管线管壁不断沉积沉淀堵塞注水管网。另一方面腐蚀、细菌造成水中不稳定物质铁离子、硫化物等含量增加，不稳定物质生成沉淀进一步影响水质稳定性，同时管道及构筑物中腐蚀产物和垢不及时清污也造成系统堵塞（图 3-19）。

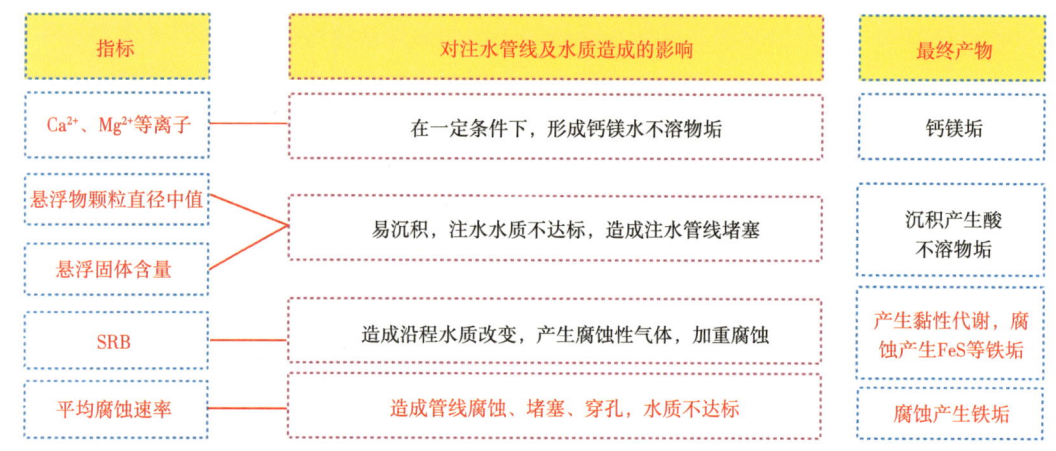

图 3-19 结垢影响因素分析

针对上述问题，改善水质稳定性，解决现场注水系统管网堵塞主要从以下两个方面开展工作：（1）开展水质稳定技术研究，对水质进行治理，针对含聚污水开展杀菌、缓蚀研究优化工作，降低细菌含量及腐蚀速率，加强沿程水质稳定性，从源头抑制沉积堵塞物的产生。（2）针对已经堵塞严重的管线及构筑物针对性开展清垢解堵研究，延长系统管网使用年限，提高注水系统管网效率。

第四节 水处理剂研究

一、净水除油剂研究

通过对污水组成及性质的综合研究，确认污水中酸值较高的乳化活性亚组分、HPAM

含量、pH 值是污水含油量高的主要原因。研究污水中各亚组分对水处理剂破乳絮凝性能的影响发现：处理剂的阳离子度及相对分子质量是影响破乳絮凝效果的关键因素。由于阳离子水处理剂能有效中和污水中乳化活性物质及 HPAM 所带的负电荷，使乳状液脱稳，再利用高分子有机阳离子处理剂的桥连作用，可使含聚污水快速絮凝。因此，采用以阳离子水处理剂为主来处理孤岛高含油污水。

（一）阳离子水处理剂的合成

1. 高相对分子质量阳离子聚合物的合成

原料：丙烯酰胺（AM），工业品；阳离子单体（DMDAAC），工业品。

实验室合成仪器：四口烧瓶，机械搅拌器，回流冷凝管等。

合成工艺：在装有搅拌器、回流冷凝管、温度计的四口反应瓶中，依次加入阳离子单体、水（使单体质量分数为 50%），搅拌使之完全溶解；将 AM 加入四口瓶中，升温至一定温度，加入引发剂，恒温下反应 5~6h 后停止；将制得的聚合物用乙醇溶解，然后用丙酮沉淀，除去反应中残存的单体和均聚物，将沉淀物洗涤并干燥，得到比较纯净的共聚物。在不同的工艺条件下合成一系列阳离子聚合物 DMDAAC/AM，用黏度法测定其相对分子质量在 600 万 ~900 万之间。产品编号为 WCP 系列。

2. 阳离子水处理剂的复配

将合成的不同相对分子质量、不同阳离子度的阳离子聚丙烯酰胺 WCP-1、WCP-2 等以一定的比例进行复配，得到阳离子水处理剂 FX-1、FX-02 和 FX-05。

（二）孤二联含聚污水的除油试验

孤二联污水含油量高，静置 10h 后污水中含油量为 2236mg/L，污水中 HPAM 含量为 255mg/L。针对孤二联污水的特征，结合破乳絮凝剂的处理效果与乳状液组成及稳定性之间的关系，认为要想处理孤二联含聚污水，应选择阳离子型水处理剂，且以高相对分子质量、高离子度的阳离子处理剂为主剂。对实验室处理效果较好的处理剂，研究了药剂加量、阳离子处理剂的复配效果、HPAM 含量对处理效果的影响等，得到了孤二联污水处理效果较好的药剂配方。

1. 阳离子水处理剂对孤二联高含油污水的处理效果研究

取一定量的含油污水，加入一定量的絮凝剂后，于室温下先在 160r/min 下搅拌 2min，在 60r/min 下搅拌 3min 后，再静置 30min，抽吸中层清液置于 250mL 分液漏斗中用三氯甲烷萃取，用 724 型可见分光光度计测定萃取液在 480nm 下的吸光度。根据标准曲线计算出污水中剩余油的含量。

不同处理剂对孤二联污水处理的实验结果见表 3-9。

表 3-9 不同处理剂对孤二联污水的处理效果

处理剂	加药量（mg/L）	污水中剩余油含量（mg/L）	除油率（%）
WCP-1	50	1022	54.3
WCP-2	50	663	70.3
WCP-3	50	1650	26.2
FX-1	50	365	83.7
FX-02	50	182	91.9

注：污水中含油量为 2236 mg/L，FX-1 为 WCP-2 与 WCP-3 以 1∶1 复配，FX-02 为 WCP-1 与 WCP-2 以 1∶4 复配。

不同处理剂对孤二联污水的处理结果说明，除 WCP-2 效果较好外，其他单剂的处理效果均不理想。复配处理剂 FX-02 的处理效果最好。

2. 污水中 HPAM 含量对处理效果的影响

由于取样时间不同，所取孤二联污水的性质及组成差别较大，污水中 HPAM 的含量对处理剂的用量及处理效果影响较大（表 3-10），这与前面模拟乳状液的研究结果一致。

表 3-10 孤二联污水中 HPAM 含量对处理效果的影响

HPAM 含量（mg/L）	含油量（mg/L）	处理剂	加药量(mg/L)	剩余油含量（mg/L）
255	2236	FX-02	50	182
88.2	741.4	FX-02	50	79.5
154	1938	FX-02	50	148

（三）孤五联含聚污水的除油试验

孤五联污水含油量为 2560 mg/L，HPAM 含量为 184.5 mg/L，pH 值为 7.62。针对孤五联污水的特征，结合破乳絮凝剂的处理效果与乳状液组成及稳定性之间的关系，处理孤五联含聚污水应选择阳离子型水处理剂，且以高相对分子质量、高离子度的阳离子处理剂为主剂。由于含聚污水成分的复杂性，单剂很难满足现场的要求，必须进行多剂的复配。在该认识的基础上，选择合成了四种高相对分子质量的水处理剂，其中，WCP-1、WCP-3 为阳离子型，CP-4 为高相对分子质量阴离子型。在实验室研究了它们对孤五联含聚污水的处理情况，结果如下。

1. 高相对分子质量处理剂对孤五联污水的处理效果

高相对分子质量处理剂 WCP-1—WCP-3 及 CP-4 对孤五联含聚污水的处理效果见表 3-11。

表 3-11 高相对分子质量处理剂对孤五联污水的处理效果

处理剂	加药量（mg/L）	污水中剩余油含量（mg/L）	除油率（%）
WCP-1	50	503	80.4
WCP-2	50	1449	43.4
WCP-3	50	1743	29.8
CP-4	50	1140	55.6

注：孤五联污水中含油量为 2560 mg/L。

从表3-11的数据可以明显看出，对于孤五联含聚污水，高相对分子质量、高阳离子度的 WCP-1 处理效果最好，且 WCP-1—WCP-3 随着阳离子度的降低，处理效果变差。高相对分子质量、高阴离子度的 CP-4 也有一定的处理效果。

2. 复配处理剂对孤五联污水的处理效果

上述研究结果表明，由于含聚污水组成的复杂性，尽管某些单剂的处理效果较好，但仍不能达到现场污水中含油量的指标（200 mg/L）。综合考虑处理效果及剂的成本等问题，在实验室研究了高相对分子质量处理剂 WCP-1 与其他处理剂复配对孤五联含聚污水的处理效果。

从表3-12的数据可以发现，WCP-1 与其他 CP 系列处理剂有很好的配伍能力，处理效果明显好于单剂，除油率都在82%以上。另外，药剂的复配比例对处理效果有很大影响，如 WCP-2 与 WCP-1 的用量比由 1∶1 变为 1∶9 时，除油率由 86.6% 增加到 92.4%，污水中剩余油含量降到 194mg/L。WCP-2 与 WCP-1 的复配比例对处理效果的影响如图3-20所示。

表3-12　WCP-1 与其他处理剂复配的处理效果

处理剂	加药量（mg/L）	污水中剩余油含量（mg/L）	除油率（%）
WCP-1 + CP-4	25+25	440	82.8
WCP-1 +CP-4	25+50	408	84.1
WCP-2 + WCP-1	25+25	343	86.6
WCP-2 +WCP-1	5+45	194	92.4
WCP-3 + WCP-1	5+45	247	90.4

注：孤五联污水中含油量为 2560 mg/L。

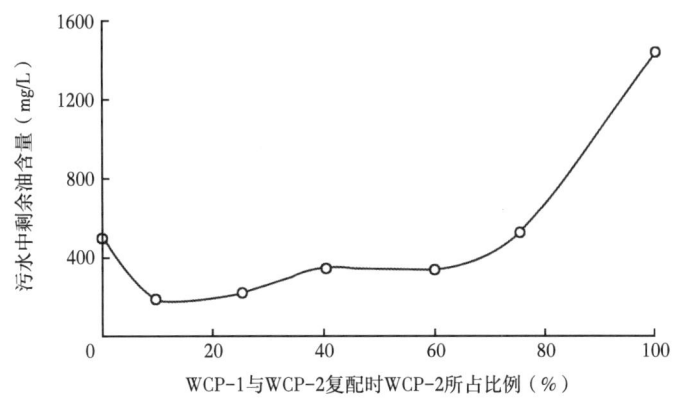

图3-20　WCP-2 与 WCP-1 的复配比例对处理效果的影响

由图3-20的结果可知，在总加药量相同的情况下，主剂 WCP-1 的用量增加，有利于污水除油，而辅剂 WCP-2 的用量增加，对污水除油不利。当 WCP-1 与 WCP-2 的用量比为 9∶1 时，处理效果最佳。将 WCP-1 与 WCP-2 以 9∶1 复配的处理剂命名为 FX-05。

上述研究表明，针对孤五联含聚污水，复配处理剂 FX-05（WCP-1 与 WCP-2 以 9∶1 复配）的处理效果最佳。

二、杀菌缓蚀一体化药剂研究

对于治理腐蚀和SRB，目前油田最普遍使用的是缓蚀剂和杀菌剂，缓蚀剂以咪唑啉类最为广泛，而最常见的杀菌剂是十二烷基二甲基苄基氯化铵。虽然咪唑啉类缓蚀剂和十二烷基二甲基苄基氯化铵杀菌剂因应用效果良好且投加方便受到广泛欢迎，但针对孤岛含聚污水，由于残存的聚合物与药剂的吸附及反应，再加上含聚污水含油量高，也吸附一部分药剂，造成药剂投加量大、缓蚀杀菌效果变差。特别是1227杀菌剂，由于长期大剂量使用，SRB的抗药性逐步增强，抑菌浓度从最初的20mg/L增加到了80mg/L以上，缓蚀剂的加量也从20mg/L增加到了50mg/L以上，极大地增加了污水处理成本，处理效果仍然达不到指标要求，同时，不断增加的药剂用量，也对环境造成了不良的影响，需要研究新型药剂。

针对上述问题，通过调研分析及室内研究实验，决定针对孤岛含聚污水水质稳定特点对杀菌剂、缓蚀剂进行优化，研究开发杀菌缓蚀一体化药剂（水质稳定剂），一剂多用，在现有药剂成本条件下，同时满足现场缓蚀及杀菌指标要求，减少注水管网沉积物产生，达到从源头改善沿程水质稳定性的目的。

（一）研究路线

（1）在缓蚀剂和杀菌剂结构上增加阳离子嵌段，使之与污水中残留聚丙烯酰胺吸附中和，降低聚丙烯酰胺对活性组分的吸附。

（2）研制一种非离子聚氧乙烯醚缓蚀剂，降低污水中阴离子组分对缓蚀剂的吸附。

（3）研制阳离子度高，抗药性能好、对硫酸盐还原菌、腐生菌、铁细菌具有综合杀菌能力的杀菌剂。

（4）药剂配方中加入两性表面活性剂，使药剂能够快速渗透到污泥及垢下，有效地杀灭隐藏在污泥和结垢内部的SRB。

（二）杀菌缓蚀剂制备

杀菌缓蚀剂合成工艺流程如图3-21所示。

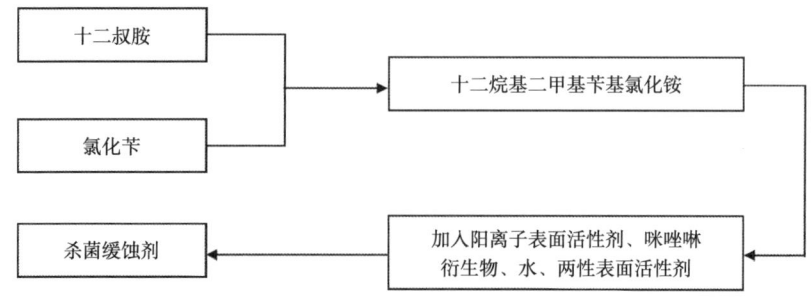

图3-21 杀菌缓蚀剂合成工艺流程

1. 杀菌剂的制备

合成原料：十二叔胺（55%）、氯化苄、去离子水。

制备工艺：在反应釜中加入定量的十二叔胺和去离子水，升温至70℃，然后滴加氯化苄并保持反应釜内的温度；在滴加完氯化苄后，保温反应2~3h，得到十二烷基二甲基苄基氯化铵。

2. 聚醚类缓蚀剂的制备

合成原料：松香胺、氢氧化钾、环氧乙烷。

制备工艺：在反应釜内加入定量松香胺和氢氧化钾，真空升温到120℃，开始通入环氧乙烷，通入环氧乙烷过程中釜内温度保持（120±5）℃，压力保持在0.2~0.3MPa之间，反应完成后，保温反应4~6h，降温至80℃备用。

3. 杀菌缓蚀剂的合成

在反应釜内按比例加入十二烷基二甲基苄基氯化铵、松香胺聚氧乙烯醚、水、咪唑啉衍生物、聚季铵盐和有机硫化物，升温至50℃，搅拌1h后降温出料。

（三）杀菌缓蚀性能评价

对孤二污、孤五污污水进行了杀菌、缓蚀测试，见表3-13。

表3-13 杀菌、缓蚀实验测试数据（室内）

站名	加药浓度（mg/L）	SRB（个/mL）		TGB（个/mL）		铁细菌（个/mL）		腐蚀速率（mm/a）	
		空白	加药后	空白	加药后	空白	加药后	空白	加药后
孤二污	30	250	2.5	25000	250	60	0	0.0352	0.0091
孤五污	30	60	0	6000	60	2500	25	0.0242	0.0065

注：实验温度为50℃，时间为168h。

对孤二污、孤五污污水进行稳定性实验，实验数据见表3-14。

表3-14 污水稳定性实验测试数据

站名	沉积物（%）				
	初始	24h	48h	72h	168h
孤二污	0	0	0	0	0
孤五污	0	0	0	0	Tr

注：加药浓度为30mg/L，实验温度为50℃。

养护一周，药剂稳定性良好，孤二污和孤五污实验底部基本没有生成沉积物（图3-22）。

研制的杀菌缓蚀剂，通过在合成十二烷基二甲基苄基氯化铵过程中加入一种阳离子表面活性剂，增加了十二烷基二甲基苄基氯化铵的杀菌基团，再复配以松香胺聚氧乙烯醚、咪唑啉衍生物及表面张力低、渗透性好的两性表面活性剂，使药剂能够快速渗透到污泥及垢下，有效地杀灭隐藏在聚合物污泥内部的 SRB，缓蚀剂也能更有效地吸附在管壁，一剂多效，提高了杀菌及缓蚀效果，降低现场药剂使用量，更方便现场投加，室内实验效果明显。

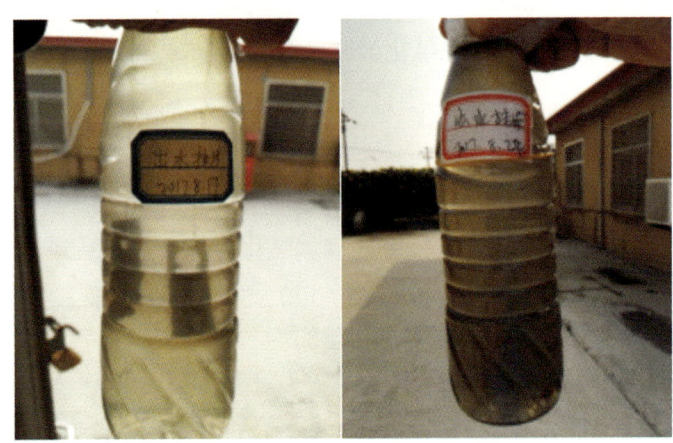

a. 孤二污　　　　　　　　b. 孤五污

图 3-22　加药后水质稳定性评价

第四章 配聚水处理技术研究

第一节 孤岛采出水配聚工艺

聚合物驱油技术是一种基本的、成熟的化学驱油技术，其提高原油采收率的基本原理：一是增加驱替水的黏度、降低水的流度，从而大大地降低油水流度比，以减缓指进现象，改善油层横向及微观孔隙结构的非均质状况，缓解窜流、绕流等现象，增加驱替水的波及体积；二是改善驱替水在垂向油层间的分配比，调整吸水剖面，增强低渗透率层和正韵律沉积层内上层部位的吸水能力，从而减缓水沿高渗透率层窜进的现象，改善驱替水的波及体积。孤岛油田自1992年9月开始在孤岛中一区馆三段先导区4口井进行聚合物驱矿场先导试验，多年来，经过不断进行工艺优化、改进、完善，形成了一套工艺先进、自动化水平高、处于国内领先水平的注聚工艺技术。

一、孤岛注聚工程技术发展历程

第一阶段（1992—1994年）：引进国外技术、设备并消化吸收及开展先导试验。

1992年9月28日建成投产中一区馆三段注聚先导试验站1座，辖注聚井4口，站内主要设备（16m^3/h分散装置1套、喂入泵2套、注聚泵5台等）全部采用美国公司生产的进口设备，主要电气仪表也全部采用国外引进设备，通过消化、吸收及运行实践，初步掌握了注聚工艺流程、注聚设备、仪表等相关技术。

第二阶段（1994—1997年）：注聚设备国产化试验及聚合物驱扩大试验。

在中一区馆三段聚合物驱先导试验取得成功经验的基础上，1994年12月投产了中一区馆三段聚合物驱扩大试验工程。于1994年12月—1995年6月分批新建并投产配注站3座（中1—16、中3—3、孤1—6）、注聚站4座（中1—15、中1—20、中1—10、中1—6）、注聚井40口，设计聚合物母液配制能力2880m^3/d。为降低工程投资，提高油田开发效益，在消化吸收国内外技术的基础上,开展技术改进工作,通过与国内有关设备厂家进行技术协作,研制并推广应用了国产化注聚设备,经过试验、改进等艰苦细致的工作,注聚设备国产化技术初步成功。主要设备(分散装置6套、注聚泵48台、喂入泵13套等)及部分仪表采用国产化设备,与引进国外设备相比降低工程投资40%以上。

第三阶段(1997—2006年):注聚工艺设备优化改进及其工业化推广应用。

在中一区馆三段先导区及扩大区注聚试验工程,以及中一区馆三段扩大区注聚国产化设备试验取得成功经验的基础上,1997年以来,围绕进一步降低投资、提高聚合物黏度保留率以及混配质量,开展了一系列技术攻关与改进工作,进一步优化了工艺流程,研制了相关设备。1997—2006年先后在孤岛油田中一区馆四段、西区北、中二南及中二中先导区、中一区馆五段—馆六段及馆三段西北部、中二中扩大区、西区南、南区渤61、渤64、渤72、中一区馆三段—馆六段、中二北进行了大规模的注聚工业化推广应用。从1997年开始,注聚设备国产化技术日益成熟,其工艺技术水平逐渐提高,在孤岛注聚工业化推广应用过程中全面进行了设备国产化技术的推广。

第四阶段(2006年至今):注聚工艺设备继续优化改进及二元复合驱试验和推广应用。

2006年12月投注中一区馆三段二元复合驱先导试验,利用旧配注站1座(原3#注聚站)、注聚站1座(原3-1注聚站)、注聚井21口、站内主要设备($60m^3/h$分散装置2套、喂入泵4套),2008年以后又陆续开展了孤岛南区渤61块馆三段—馆五段转二元驱扩大试验、孤岛中区南+渤72块二元驱扩大试验、孤岛东区馆三段—馆四段北部二元驱、孤岛东区馆三段—馆四段南部二元驱和中一区馆三段加密重组复合驱先导试验,二元复合驱注聚设备全部国产化。

二、孤岛注聚工程技术现状

(一)聚合物混配注入工艺

聚合物混配过程是聚合物驱油地面工艺流程的关键环节,聚合物混配过程为:聚合物母液升压→计量→与高压污水混合→单井井口注入。

所谓升压,就是由螺杆泵将低压的聚合物母液输送到注聚泵进口,经注聚泵升压到高压后输出,进入下一道计量工序。

所谓计量,包括:(1)升压后的聚合物母液经电磁流量计计量后输出;(2)经电磁流量计计量后的高压污水输出,后进入下一道与高压污水混合工序。

所谓与高压污水混合就是混合后的聚合物母液和高压污水经过静态混合器充分混合形成混合溶液后输出。

所谓单井井口注入,是经静态混合器充分混合后的混合溶液经过单井管线输送到井口注入井中。

图4-1是一个典型的聚合物混配流程图。

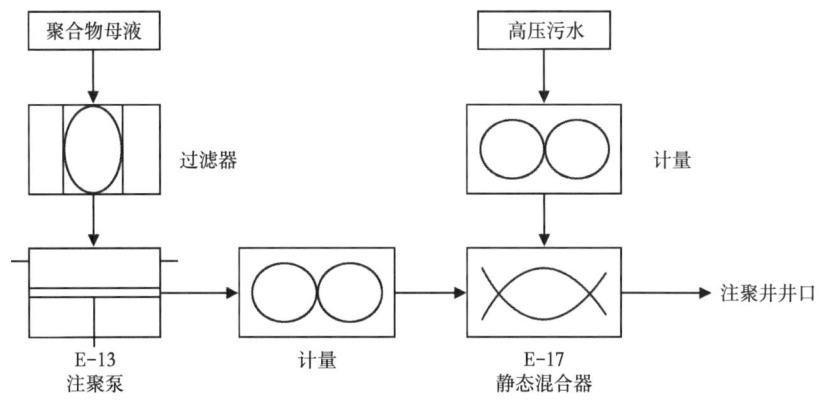

图 4-1　聚合物混配流程

（二）二元复合驱混配注入工艺

二元复合驱工艺技术是将聚合物与表面活性剂两者相结合，通过注入表面活性剂，降低体系油水界面张力；通过添加聚合物，使体系黏度增大，扩大水驱波及体积，从而更好地提高复合驱的驱油效果。

二元复合驱药剂地面注入流程见图4-2。

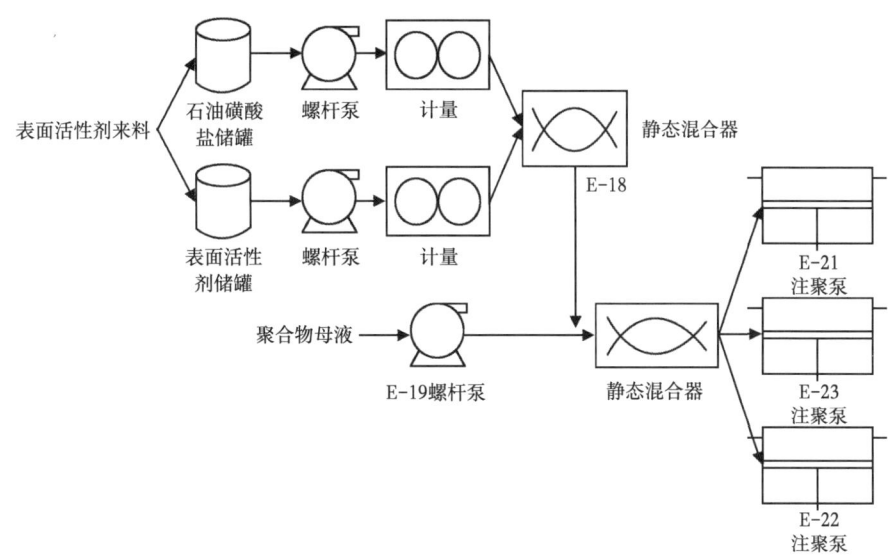

图 4-2　表面活性剂注入工艺流程

目前孤岛油田应用二元复合驱药剂主要由石油磺酸盐+助表面活性剂复配形成表面活性剂，二者均为液态物质。其地面注入流程也由石油磺酸盐和助表面活性剂两部分组成，二者按比例混配后加入聚合物母液。

石油磺酸盐和助表面活性剂的注入流程设计相同，采用罐车将药剂运输至配液站，通过卸料泵将药剂输送至站内储罐，现场储罐需缠绕伴热带或安装电加热棒等进行保温处理。二者通过螺杆泵或计量泵定量输送至静态混合器，经过初步混合后输送至聚合物母液喂入泵后经静态混合器与聚合物母液进一步混合，输送至单井注聚泵，图4-2是现场药剂注入流程。

两种药剂注入流程相同，注入过程中通过两次静态混合器，第一次是两种药剂初步混合复配成表面活性剂，第二次是与聚合物母液进行混合进入注聚泵。从图4-2中可以看出，该流程的关键环节是两种药剂的流量调整和计量环节，目前现场采用变频系统对螺杆泵进行调整，注入流量采用药剂储罐罐位折算配合电磁流量计进行计量，最终实现两种药剂按方案设计要求比例定量注入。

（三）聚合物溶液保黏技术

注聚驱油的目的之一是增加地层注入液的黏度，如何减少注聚过程中聚合物溶液黏度损失、降低聚合物沿程剪切是注聚工艺着重解决的问题。

（1）母液增压与输送：聚合物母液外输泵选用容积式的单螺杆泵，母液增压选用低剪切的三柱塞注聚泵。

（2）聚合物注入流程：母液输送管线采用不锈钢管线和非金属复合管线，单井注入管线采用非金属管材，注聚全过程采用无节流调节工艺，降低流程对聚合物溶液的影响。

（3）添加杀菌剂降低细菌对聚合物溶液的降解：孤岛聚合物驱采用清水配制污水稀释注入方式，污水中含有大量的硫酸盐还原菌等，对聚合物溶液的黏度影响非常大，现场注入采用工业甲醛作杀菌剂，早期在污水中加入，目前在喂入泵进口母液管线中加入，加入方式采用冲击式或连续式，质量浓度为300mg/L。

（4）注聚前水质治理改善：2008年开始，采用"先除油，后除泥"的工艺思路，对孤三污、孤六污进行溶气气浮工艺改造。孤三污、孤六污改造后，水质有明显提高，达到了含油量不大于50mg/L，悬浮物含量不大于50mg/L的标准。通过水质治理，东区北注入黏度一直保持在40mPa·s左右，为注聚区取得理想的驱油效果提供了保证。

（5）添加黏度稳定剂：早期在西区北、中一区馆五段—馆六段等先后开展了添加聚合物溶液黏度稳定剂现场试验与应用。2009年在南区渤64注聚区添加聚合物抑制降解剂FJN-1，起到了稳定黏度的效果。

（6）加强化学药剂质量的检测：加强聚合物干粉及辅助药剂的质量检测，杜绝不合格产品的使用，保证聚合物驱开发效果。

（四）甲醛地面注入工艺

由于注入水中含有较多的细菌和一定量的氧气，会造成聚合物溶液的生物降解，从而影响聚合物的稳定性和驱油效果。目前孤岛油田现场注聚驱油过程中添加一定浓度的甲醛溶液作为杀菌剂。

甲醛溶液采用罐车将药剂运输至配液站,通过车载卸料泵将药剂输送至站内储罐,现场储罐需缠绕伴热带或安装电加热棒等进行保温处理。通过计量泵定量输送至聚合物母液喂入泵前,经静态混合器与聚合物母液进一步混合,输送至单井注聚泵(图4-3)。

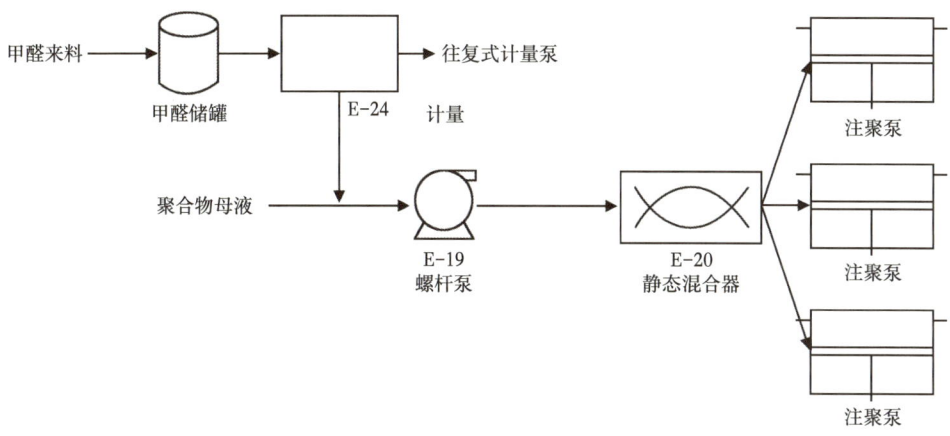

图4-3 甲醛注入工艺流程

第二节 聚合物黏度影响因素分析

一、配聚水水质分析

(一)配聚水来源

首先,以孤岛东区注聚井为例,路线如图4-4所示。

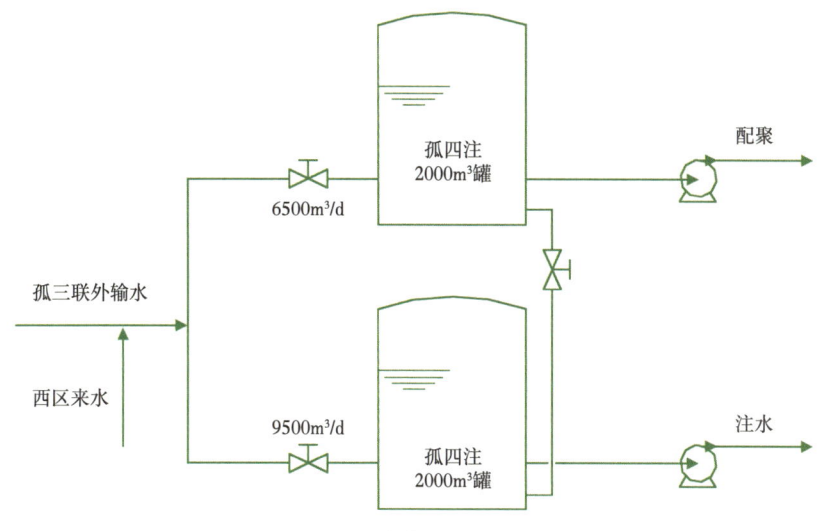

图4-4 孤岛东区配聚水路线

污水经孤三联输送到孤四注,根据配注水量需求调用一部分西区来水后经沉降输送到配聚站进行稀释配聚。

(二)配聚污水水质水性全分析

对孤三联外输水及配聚站污水开展了水质水性全分析,不同节点分析结果如表4-1和表4-2所示。

表4-1 孤三污外输取样分析

项目	结果	项目	结果
Na^+(mg/L)	2201	硫化物(mg/L)	0.3
K^+(mg/L)	33	含油量(mg/L)	25
Ca^{2+}(mg/L)	116	悬浮物(mg/L)	33
Mg^{2+}(mg/L)	32	SRB(个/mL)	250
Cl^-(mg/L)	3306	FB(个/mL)	2.5
SO_4^{2-}(mg/L)	62	TGB(个/mL)	6
Fe^{2+}(mg/L)	0.6	HCO_3^-(mg/L)	535
矿化度(mg/L)	6285	COD(mg/L)	1102

表4-2 15#站配聚取样分析

项目	结果	项目	结果
Na^+(mg/L)	2335	硫化物(mg/L)	2.4
K^+(mg/L)	45	含油量(mg/L)	33
Ca^{2+}(mg/L)	122	悬浮物(mg/L)	37
Mg^{2+}(mg/L)	45	SRB(个/mL)	2500
Cl^-(mg/L)	3405	FB(个/mL)	25
SO_4^{2-}(mg/L)	75	TGB(个/mL)	6
Fe^{2+}(mg/L)	0.6	HCO_3^-(mg/L)	612
矿化度(mg/L)	6639	COD(mg/L)	953

从水质水性分析结果可以看出,污水矿化度较低,Ca^{2+}、Mg^{2+}、Fe^{2+}阳离子含量不高,而前后节点的硫化物含量有较为明显的变化,初步分析认为硫化物是导致聚合物黏度降低的主要原因。

二、配聚污水黏度影响因素全分析

对有可能影响污水配聚黏度的指标如阳离子含量、硫化物含量等开展了正交试验,确定主要影响因素(表4-3、表4-4)。金属离子对聚合物溶液黏度影响的主次顺序为:S^{2-}>Fe^{2+}>Mg^{2+}>Ca^{2+}。硫化物及亚铁离子为聚合物溶液黏度降低的主要影响因素。

表 4-3　金属离子影响正交试验因素选择

因素	1	2	3	4
内容	Ca^{2+}（mg/L）	Mg^{2+}（mg/L）	Fe^{2+}（mg/L）	S^{2-}（mg/L）
水平	1、2、3	1、2、3	1、2、3	1、2、3
数值	0、70、140	0、40、80	0、0.5、1	0、1.5、3

表 4-4　金属离子影响正交试验结果

水平	Ca^{2+}（mg/L）	Mg^{2+}（mg/L）	Fe^{2+}（mg/L）	S^{2-}（mg/L）
1	0	0	0	0
2	0	40	0.5	1.5
3	0	80	1	3
4	70	0	0.5	3
5	70	40	1	0
6	70	80	0	1.5
7	140	0	1	1.5
8	140	40	0	3
9	140	80	0.5	0
极差	4.5	5.1	8.4	15.6

三、各节点 S^{2-} 和 Fe^{2+} 检测

对配聚线路各节点（孤三联外输、孤四注进水、孤四注出水、配聚站）开展不同时间 S^{2-} 和 Fe^{2+} 检测（表4-5至表4-9），进一步确定影响黏度的主要因素及产生原因。从检测情况看，污水中硫化物含量主要是在从孤三联到配聚站输送过程中产生的。

表 4-5　6月25日取样检测结果

6月25日	S^{2-}（mg/L）	Fe^{2+}（mg/L）
孤三联外输	0.3	0.4
孤四注进水	1.2	0.5
孤四注出水	2	0.5
15#站进水	2.5	0.5

表 4-6　7月15日取样检测结果

7月15日	S^{2-}（mg/L）	Fe^{2+}（mg/L）
孤三联外输	0.2	0.6
孤四注进水	0.3	0.5
孤四注出水	1.5	0.6
15#站进水	2.5	0.7

表4-7 8月4日取样检测结果

8月4日	S^{2-}(mg/L)	Fe^{2+}(mg/L)
孤三联外输	0.2	0.5
孤四注进水	0.8	0.5
孤四注西区来水	1	1.2
孤四注出水	0.2	1.2

表4-8 8月13日取样检测结果

8月13日	S^{2-}(mg/L)	Fe^{2+}(mg/L)
孤三联外输	0.2	0.8
孤四注进水	0.2	0.8
西区来水	1.5	0.8
孤四注出水	1.5	1
15#站	1.8	0.8
15-6站	1.8	0.8

表4-9 8月20日取样检测结果

8月20日	S^{2-}(mg/L)	Fe^{2+}(mg/L)
孤三联外输	0.2	0.6
孤四注进水	0.2	0.6
西区来水	0.4	0.7
孤四注出水	2.3	0.6
15#站	2.2	0.8
15-6站	2.8	0.8

四、污水中硫化物随时间变化检测

将现场孤三联外输水及15#站配聚水密闭隔氧放入恒温箱中，连续检测硫化物含量，变化情况见图4-5和图4-6。以上检测结果说明，污水系统中硫化物是由SRB代谢产生的，且主要产生阶段为孤三联外输到配聚站输送过程中，控制硫化物的关键就是控制SRB。

目前控制硫化物主要是物理化学方法，如化学清除剂、缓蚀剂和杀菌剂等。但是化学清除剂不能彻底、迅速地除去硫化物，且对硫化物的选择吸收性差；缓蚀剂不能很好地起到减缓腐蚀的作用；传统的杀菌剂配伍性和兼容性较差。大部分清除剂、缓蚀剂和杀菌剂在地面应用效果比较显著，但是注入油气井及储层中后，受储层温度、压力及pH值的影响，其局限性就会显现出来；并且这些清除剂、缓蚀剂和杀菌剂本身及其与硫化物作用后的产物具有腐蚀性，即使个别产品没有腐蚀性或腐蚀性较小，但是从经济方面考虑，代价较高，不适于大量推广使用。

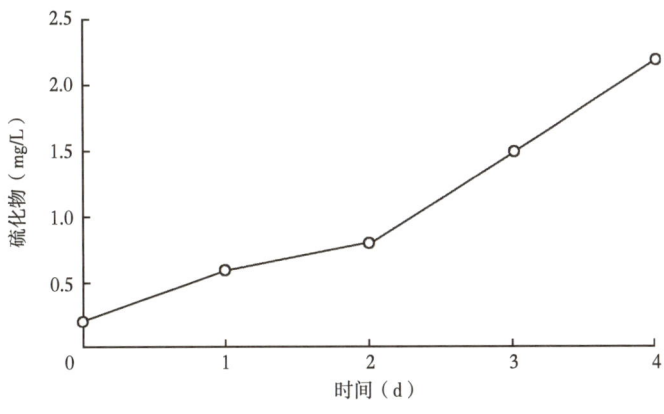

图 4-5　孤三联外输水 S^{2-} 室内变化

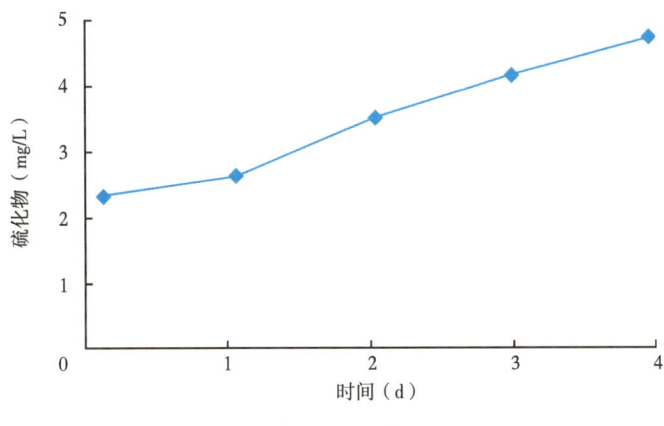

图 4-6　15# 站进水 S^{2-} 室内变化

第三节　生物配聚保黏技术研究

随着孤岛油田注聚驱油和稠油热采规模的逐步扩大，以及各种化学增产措施的应用，导致油田采出水具有多样性和复杂性。由于聚合物、硫化氢、二氧化碳、溶解氧及细菌等多种成分的作用，导致污水配聚黏度降低，注聚井井口黏度波动，影响注聚效果。孤岛油田东区 2000mg/L 聚合物溶液的井口黏度平均仅为 17mPa·s，低于设计要求的 25mPa·s，严重影响了孤岛采油厂注聚开发效果。针对该问题，孤岛采油厂开展生物脱硫抑硫技术攻关研究，提高配聚污水适应性，从源头治理配聚污水，提升注聚驱油效果，现场实施见到较好效果。

一、工艺原理介绍

（一）污水配聚黏度影响因素分析

污水配聚影响黏度的因素主要有：离子组成、矿化度、温度及采出液在油水分离过程中加入的各种药剂等。通过对孤岛配聚污水的水质水性分析可以看出，孤岛配聚污水矿化度较低，Ca^{2+}、Mg^{2+}、Fe^{2+}阳离子含量不高，但沿程各节点的硫化物含量有较为明显的变化。

根据孤岛配聚污水分析结果，对阳离子含量、硫化物含量、COD含量等开展了正交试验。通过权重分析认为，现场配聚污水金属离子对聚合物溶液黏度影响的主次顺序为Na^+ > Mg^{2+} > Ca^{2+} > Fe^{2+}，各因素对聚合物溶液黏度的影响程度为硫化物 > Na^+ > COD，硫化物升高是孤岛污水配聚黏度降低的主要影响因素。而硫化物导致聚合物黏度降低的机理主要是自由基作用导致聚合物链断裂（图4-7），造成聚合物溶液黏度降低。分析认为孤岛配聚污水沿程硫化物的升高主要是SRB代谢产生的硫化物造成的。而孤岛含聚污水水质差，富有机质（BOD高），SRB数量较常规水高，同时含聚水消耗大量阳离子杀菌剂，杀菌效果差，不能满足现场技术指标要求。

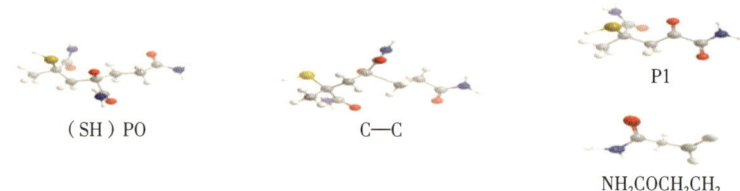

图4-7　硫化物导致的聚合物链断裂

（二）生物脱硫抑硫技术机理

生物抑制硫酸盐还原菌及硫化物的原理为通过功能菌对SRB进行营养底物的竞争及有害产物硫化物的氧化，不仅能够去除污水中原有的硫化物，而且能够有效降低SRB的活性，使其不再产生新的硫化物，有效解决硫化物引起的聚合物溶液黏度损失、腐蚀加剧及沿程水质恶化等问题，克服了物理及化学方法不能彻底有效控制SRB、曝氧稳定性差、后续生产问题多的弊端（图4-8）。

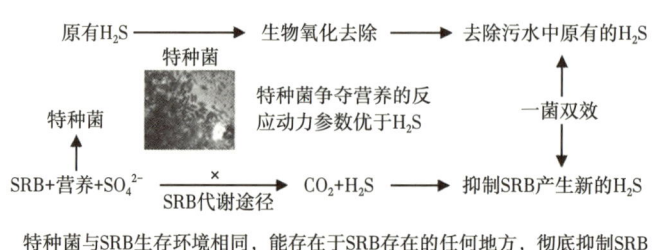

图4-8　生物脱硫抑硫技术原理

二、脱硫抑硫菌的筛选及评价

（一）硫酸盐还原菌的筛选及评价

1. 实验菌种

实验菌种均来自胜利油田孤岛采油厂的水样及泥样。

2. 仪器及器皿

CARY50分光光度计：瓦里安。CS-15R离心机：美国贝克曼公司。ALPCL-32L高压灭菌锅：日本。ISF1-X摇床：瑞士科耐。LSIS-B2V/ICV404细菌培养箱：德国。DZF6050干燥箱：上海精宏实验设备有限公司。En14130电子天平：奥豪斯。三角烧瓶、培养皿、微量加样器（200~1000μL）、Tip头、注射器、比色管（50mL）、锥形瓶（250mL）、瓷蒸发皿（75~100mL）。

3. 培养基

1）硫酸盐还原菌驯化富集培养基

采用美国石油协会（API）推荐的标准培养基，其组成见表4-10。

表4-10 SRB驯化培养基

名称（分子式）	质量浓度（g/L）	纯度
乳酸钠	3.0	分析纯
硫酸镁（$MgSO_4$）	2.0	分析纯
氯化铵（NH_4Cl）	1.0	分析纯
无水硫酸钠（Na_2SO_4）	0.5	分析纯
磷酸氢二钾（$K_2HPO_4H_2O$）	1.0	分析纯
无水氯化钙（$CaCl_2$）	0.2	分析纯
酵母浸膏	1.5	生化试剂
pH值	7.3	

2）硫酸盐还原菌鉴定培养基

采用美国石油协会（API）推荐的标准培养基，其组成见表4-11。

表4-11 SRB鉴定培养基

名称（分子式）	质量浓度（g/L）	纯度
蛋白胨	20	生化试剂
氯化钠（NaCl）	5	分析纯
亚硫酸钠（Na_2SO_3）	0.5	分析纯
乙酸铅	0.5	分析纯
琼脂	10	生化试剂
pH值	7.2	

4. 硫酸根测定所需试剂

（1）铬酸悬浮液：称取19.44g铬酸钾（K_2CrO_4）与24.44g氯化钡（$BaCl_2 \cdot 2H_2O$）分别溶于1L蒸馏水中，加热至沸腾。将两种溶液共同转移到3L烧杯内，此时生成铬酸钡沉淀。待沉淀下降后，倾出上层清液，然后每次用约1L蒸馏水洗涤沉淀，共需洗涤5次左右。最后加蒸馏水至1L，使其成悬浮液，每次使用前摇匀。每5mL铬酸钡悬浮液可以沉淀约48g硫酸根。

（2）1+1氨水。

（3）2.5mol/L盐酸溶液。

（4）硫酸盐标准溶液：称取1.4786g无水硫酸钠或1.8141g无水硫酸钾，溶于少量水，置于100mL容量瓶中，稀释至标线。该溶液1.00mL含1.00mg硫酸根。

5. 硫化氢检测标准

1）水中硫化物的检测——GB/T 16489—1996亚甲基蓝法

硫化物、氯化铁和二甲基对苯二胺反应生成二甲基蓝。出现颜色后加入磷酸胺以除去氯化铁的颜色。该法适用于硫化物质量浓度在20mg/L之内。

2）硫酸根含量的测定

方法原理：在酸性溶液中，铬酸钡与硫酸盐生成硫酸钡沉淀，并释放出铬酸根离子。溶液中和后，多余的铬酸钡及生成的硫酸钡仍是沉淀状态，过滤以除去沉淀。在碱性条件下，铬酸根离子呈现黄色，可进行光度测定。

干扰及消除：水样中碳酸根也可与钡离子形成沉淀，在加入铬酸钡之前，将样品酸化并加热可以除去水样中的碳酸盐。

方法的适用范围：适用于测定硫酸盐含量较低的清洁水样，所以在做该实验时要对水样或泥样品进行稀释。

6. SRB 的检测

目前，国内外较为常见的培养法主要有测试瓶法、琼脂深层培养法和溶化琼脂管法。这些方法都是根据 API RP38美国石油协会推荐的地下注入水分析方法中的 3 管平行绝迹稀释法进行的，只是在实际使用中结合了现场具体条件，在培养时间、培养温度等方面做了补充和修改。

测试瓶法是利用瓶装的含乳酸盐、硫酸盐和 Fe^{2+}（或金属铁）培养基对待测水样进行接种培养，从而确定水样中 SRB 含量的方法。在测试瓶中装入硫酸盐等多种营养物质，调节 pH 值至7.0~7.5，加入小铁钉以提供 Fe^{2+}，并经高压蒸汽灭菌处理即制成测试瓶成品。因此，当待测样品中存在 SRB 并接入测试瓶中之后，经培养，测试瓶底部即会出现黑色的沉淀（FeS），据此作为 SRB 的生长指示。

7. SRB 的培养

1）菌株的分离与纯化

采用 100 mL 具塞三角瓶，分装一定体积的上述液体培养基后高压灭菌，5% 的接种量接种水样至充满状态，密封 30℃ 厌氧培养，当溶液变为墨汁色且瓶口处散发出臭鸡蛋味时表明硫酸盐还原菌已大量繁殖。取 10% 的培养液转移培养多次，以除去大部分异养细菌。培养 2 d 后，用稀释涂布—叠皿夹层培养法进行厌氧分离培养，5~6 d 后长出一个个单菌落，挑取单菌落转入液体培养基进行厌氧培养。重复进行稀释涂布—夹层培养、挑选等 2 次，对 SRB 菌株进行纯化，可得到可以鉴定、保存、转接的纯菌株。

2）稀释涂布—叠皿夹层培养分离

薄夹层的制作与稀释涂布：配制琼脂浓度为 2% 的营养型固体培养基，灭菌后待温度降至 50℃ 左右时，在无菌条件下，将培养基倒入已灭菌并编号的培养皿（$d \times h$=90mm×15mm）皿盖中，其厚度为皿盖高度的 1/4 左右为宜。待培养基平板（为夹层的下层）冷却后，将富集液分别按 10^{-2}、10^{-3}、10^{-4} 稀释度吸取 0.2 mL 均匀涂布在平板上。静置，待涂布液迹基本渗入培养基后，倒入同种营养型固体培养基（为夹层的上层），其厚度要求略薄于下层（2~3 mm）；倒上层时，让液状培养基形成凸起状，随即迅速将培养皿的内皿（无菌）底朝下、口与皿盖同向嵌入上层培养基；结果是内皿与培养基间无任何气泡，内皿周围有少量培养基逸进内外皿的侧壁间隙内，最终表现出二重皿法样的形式。

夹层平板的封口：去掉内外培养皿侧壁间隙内过多的琼脂，并灌入适量融化的无菌石蜡让整个培养皿周围间隙均匀覆盖上一层石蜡，不能出现间断或气泡。

8. SRB 的筛选测定方法

SRB 的筛选方法是通过比较培养液中硫酸根浓度的下降速率来进行判断的，硫酸根浓度下降快的即为高活性硫酸盐还原菌种。实验采用铬酸钡分光光度法来测定硫酸根的含量。

1）方法原理

在酸性溶液中，铬酸钡与硫酸盐生成硫酸钡沉淀，并释放出铬酸根离子。溶液中和后，多余的铬酸钡及生成的硫酸钡仍是沉淀状态，过滤以除去沉淀。在碱性条件下，铬酸根离子呈现黄色，可进行光度测定。

2）干扰及消除

水样中碳酸根也可与钡离子形成沉淀。在加入铬酸钡之前，将样品酸化并加热可以除去水样中的碳酸盐。

3）方法的适用范围

该方法适用于测定硫酸盐含量较低的清洁水样，所以在做该实验时要对水样或泥样品进行稀释。

9. 筛选结果

1）SRB 的驯化

按 SRB 筛选标准方法即稀释涂布—夹层培养法进行厌氧分离培养。驯化之后得到水样中的硫酸盐还原菌四株，分别命名为 A1、A2、A3、A4。

菌株的优化筛选可通过比较各样品中硫酸根浓度的下降速率来判断，硫酸根浓度的测定方法采用铬酸钡分光光度法。

2）优化 SRB 菌株的筛选

将驯化好的样品 A1、A2、A3、A4 取一定量进行离心，所得菌泥接入装有 200mL 驯化用培养基的 250mL 无菌注射瓶中，32℃厌氧培养，每天用无菌针头取样，用铬酸钡分光光度法检测培养液中硫酸根的浓度，所得结果见图 4-9。

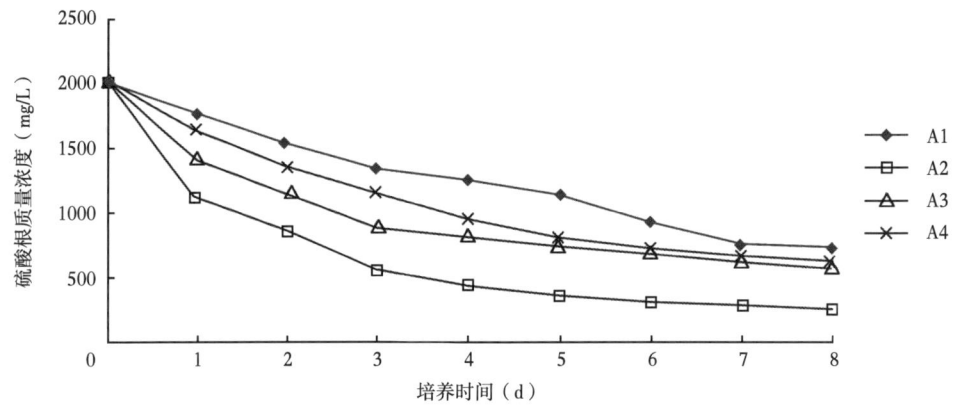

图 4-9 水样 SRB 体系中硫酸根浓度变化

图 4-9 所示硫酸根浓度的下降情况可以大体反映样品中硫酸盐还原菌的生长状况。由图 4-9 可知，随着培养时间的延长，培养液中硫酸根浓度呈下降的趋势。说明各样品中皆有硫酸盐还原菌的生长。

分析图 4-9 可知，硫酸根浓度的下降速率有一定的差异，在培养的最初两天，培养液中硫酸根浓度的下降速率均较快，其中 A2 样品中硫酸根浓度下降最快，其次是 A3 和 A4，最慢的是 A1。说明 A2、A3 和 A4 三株菌适应能力较强。自第三天各样品硫酸根浓度的下降速率稍有变缓，但一直维持一定的速率下降，说明各样品中 SRB 均以一定的速率增长。A2 样品中 SRB 数量活性最强。

为了进一步证实推测，又进行了样品中 SRB 的计数。

3）各样品中 SRB 计数（MPN）

将配制好的分离鉴定用培养液分装入带有胶塞的注射瓶（12mL）中，每瓶装 9.0mL 培养基，然后进行灭菌、封口，即成为测试瓶。将数个测试瓶排成一组，依次编上序号。用无菌注射器把 1.0mL 水样注入 1 号瓶内，充分振荡。重复上述操作程序，依次稀释到最后一瓶为止。注射器经过酒精消毒,每稀释一次更换一支,以保证无菌操作。把上述稀释后的测试瓶放在32℃培养箱内培养,无菌存在的测试瓶内培养液无明显变化,测试瓶内培养液逐渐变混变浊变黑,在第七天读数。采取两个平行测定方法,按生长指数查表,所得结果见表4-12。

表4-12 细菌最大可能数

水样	SRB最大可能菌数（10^6个/mL）
A1	0.4
A2	8.0
A3	0.6
A4	0.5

从表4-12可看出,水样A2样品中硫酸盐还原菌数最多,测试结果和之前活性测试实验中的筛选结果基本吻合。

4）生长温度的测定

设20℃、30℃、40℃、50℃、60℃等5个温度梯度培养3d,利用稀释平板法测定菌株生长的最适温度,结果见图4-10。通过实验结果可以看出,A2菌在40℃生长最为旺盛,30℃次之,在60℃以上存活率较低,A2菌的最佳生长温度为40℃。

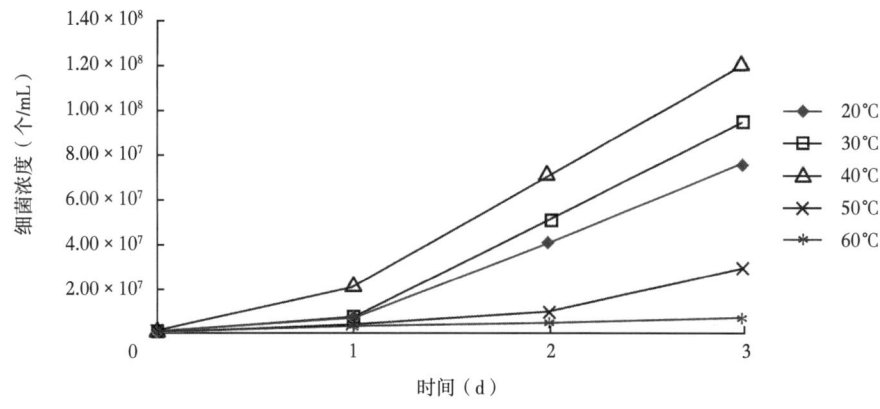

图4-10 不同温度下SRB生长情况

最终确定将活性最强的A2-SRB菌株作为实验研究的抑制对象。

（二）硫酸盐还原菌抑制菌的筛选及评价

微生物在自然界氮素循环中起着重要作用,如固氮作用、氨化作用、硝化作用、反硝化作用。其中,硝化作用与反硝化作用维持自然界氨的平衡及氮的正常循环。氨化作用由氨化细菌或真菌的作用将有机氮分解成为氨与氨化合物,硝化作用由亚硝酸盐细菌和硝酸盐细菌将氨化合物氧化为亚硝酸盐和硝酸盐;反硝化作用也称脱氮作用,由微生物在厌氧或微厌氧条件下将硝酸盐还原成氧化亚氮或氮气。反硝化作用对于控制水体富营养化、处理污水和净化水域有着极大的利用价值。目前已发现某些植物、真菌和细菌都具有反硝化作用。已知有50种以上的微生物能够进行反硝化作用，其中绝大多数是细菌。

相关的文献介绍反硝化细菌可能会对SRB有一定的生物抑制作用，初步选择进行反硝化细菌的筛选，用反硝化细菌培养基筛选到菌株之后，再考察其对SRB有无相关的抑制作用，当然在反硝化细菌特定的富集培养基中添加了部分Na_2S，目的是使筛选出的反硝化细菌对SRB的产物有耐受性，更能适应SRB的生长环境。反硝化细菌通过诱导产生硝酸还原酶和亚硝酸还原酶对硝酸盐和亚硝酸盐进行还原。不同反硝化细菌的反硝化作用能力不同，生长条件也存在很大差异。筛选出4株具有反硝化作用的菌株，进一步筛选具有较强反硝化作用能力的菌株，并对目的菌株的最适培养基、生长温度进行测定，为反硝化细菌的利用提供依据。

1. 实验菌种

均来自胜利油田孤岛采油厂污水站的水样及泥样。

2. 仪器及器皿

（1）CARY50分光光度计：瓦里安。

（2）CS-15R离心机：美国贝克曼公司。

（3）ALPCL-32L高压灭菌锅：日本。

（4）ISF1-X摇床：瑞士科耐。

（5）LSIS-B2V/ICV404细菌培养箱：德国。

（6）DZF6050干燥箱：上海精宏实验设备有限公司。

（7）En14130电子天平：奥豪斯。

（8）三角烧瓶、培养皿、微量加样器(200~1000μL)、Tip头、注射器、比色管（50mL）、锥形瓶（250mL）、瓷蒸发皿（75~100mL）。

3. 培养基及试剂

1）功能菌驯化富集及分离培养基

Giltay培养基。

A溶液：硝酸钾1.0g，天冬酰胺1.0g，1%BTB酒精溶液5mL，蒸馏水500mL。

B溶液：柠檬酸钠8.5g，硫酸镁1.0g，氯化铁0.05g，磷酸二氢钾1.0g，氯化钙0.2g，硫化钠0.02g，蒸馏水500mL。

混合A、B两溶液，调节pH值为7.0~7.2。

2）功能菌脱氮实验培养基

NRB脱氮实验培养基的组成见表4-13。

表 4-13　NRB（硝酸盐还原菌）脱氮实验培养基

名称（分子式）	质量浓度（g/L）	纯度
硝酸钾（KNO_3）	2.5	分析纯
酒石酸钾钠	25	分析纯
磷酸氢二钾（K_2HPO_4）	0.5	分析纯
硫酸镁（$MgSO_4$）	0.3	分析纯
pH 值	7.2	

3）硝酸根测定所需试剂

（1）实验用水应为无硝酸盐水。

（2）酚二磺酸：称取25g苯酚（C_6H_5OH）置于500mL锥形瓶中，加150mL浓硫酸使之溶解，再加75mL发烟硫酸[含13%三氧化硫（SO_3）]，充分混合。瓶口插一小漏斗，小心置瓶于沸水浴中加热2h，得淡棕色稠液，储于棕色瓶中，密塞保存。

（3）氨水。

（4）硝酸盐标准储备液：称取0.7218g经105~110℃干燥2h的硝酸钾溶于水。移入1000mL容量瓶中，稀释至标线，混匀。加2mL三氯甲烷作保存剂，至少可稳定6个月。每毫升该标准储备液含0.100mg硝酸盐氮。

（5）硝酸盐标准使用液：吸取50.0mL硝酸盐标准储备液，置于蒸发皿内，加0.1mol/L氢氧化钠溶液使pH调至8，在水浴上蒸发至干。加2mL酚二磺酸，用玻璃棒研磨蒸发皿内壁，使残渣与试剂充分接触，放置片刻，重复研磨一次，放置10min，加少量水，移入500mL容量瓶中，稀释至标线，混匀。储于棕色瓶中，该溶液至少稳定6个月。每毫升该标准使用液含0.010mg硝酸盐氮。

（6）硫酸银溶液：称取4.397g硫酸银溶于水，移至1000mL容量瓶中，用水稀释至标线。1.00mL该溶液可去除1.00mg氯离子。

（7）氢氧化铝悬浮液。

（8）高锰酸钾溶液：称取3.16g高锰酸钾溶于水，稀释至1L。

4. 功能菌培养方法

采用100mL的锥形瓶，分装一定体积的驯化培养基后高压灭菌，按一定接种量在无菌操作台里将污泥和水样加入锥形瓶中至充满状态，密封32℃恒温培养，当瓶内产生气泡时，检查试管是否混浊，用Griess试剂检查亚硝酸盐，呈桃红色或红色说明生成亚硝酸盐正反应或副反应。还要检查是否含NO_3^-，自瓷盘凹涡中加入浓硫酸和二苯胺各两滴，滴入待测液，出现蓝色说明有NO_3^-，无蓝色说明NO_3^-、NO_2^-完全消失，反硝化细菌大量存在。

5. NRB的筛选测定方法

NRB的筛选方法是通过比较培养液中硝酸根浓度的下降速率来进行判断的，硝酸根浓度下降快的即为高活性菌种。实验采用酚二磺酸光度法来测定硝酸根的含量。

1）方法原理

硝酸盐在无水情况下与酚二磺酸反应，生成硝基二磺酸酚，在碱性溶液中生成黄色化合物，进行定量测定。

2）干扰

水中含氯化物、亚硝酸盐、铵盐、有机物和碳酸盐时，可产生干扰。含该类物质时，应作适当的前处理。

3）方法的适用范围

用于测定饮用水、地下水和清洁地面水中的硝酸盐氮。最低检出质量浓度为0.02mg/L，测定上限为2.0mg/L。

6. 筛选结果

1）NRB的驯化

采用100mL的锥形瓶，分装一定体积的驯化培养基后高压灭菌，按一定接种量在无菌操作台里将水样加入锥形瓶中至充满状态，密封32℃恒温培养，当瓶内产生气泡时，检查试管是否混浊，用Griess试剂检查亚硝酸盐，呈桃红色，说明生成亚硝酸盐正反应。还要检查是否含NO_3^-，自瓷盘凹涡中加入浓硫酸和二苯胺各两滴，滴入待测液，无蓝色说明NO_3^-、NO_2^-完全消失，反硝化菌大量存在。

经过筛选，可以确定这些样品中NRB生长情况较好，因此，NRB生长的样品用于随后的分离和鉴定。分离方法采用改进后的双层叠皿法，经过筛选分离之后得到水样中的功能菌四株，分别命名为N1、N2、N3、N4。

2）优化菌株的筛选

菌株的优化筛选可通过比较各样品中硝酸根浓度的下降速率来判断，硝酸根浓度的测定采用酚二磺酸分光光度法，首先需进行标准曲线的绘制。

将驯化好的样品N1、N2、N3、N4取一定量进行离心，所得菌泥接入装有200mL驯化用培养基的250mL无菌注射瓶中，32℃厌氧培养，每天用无菌针头取样，用酚二磺酸分光光度法检测培养液中硝酸根的浓度，所得结果见图4-11。

图4-11所示硝酸根浓度的下降情况可以大体反映样品中功能菌的生长状况。由图4-11可知，随着培养时间的延长，培养液中硝酸根浓度都呈下降的趋势，说明各样品中皆有功能菌的生长。

分析图4-11可知，N1、N2、N3、N4中硝酸根的下降速率有一定的差异，在培养的最初两天，培养液中硝酸根浓度的下降速率均较快，其中N3样品硝酸根浓度下降最快，其次是N1、N4，最慢的是N2。说明N1、N3、N4三株菌适应能力较强。自第三天各样品硝酸根浓度的下降速率稍有变缓，但一直维持一定的速率下降，其中N3样品随着培养时间的延长，培养液中硝酸根浓度一直以线性速率下降，下降速率最快。

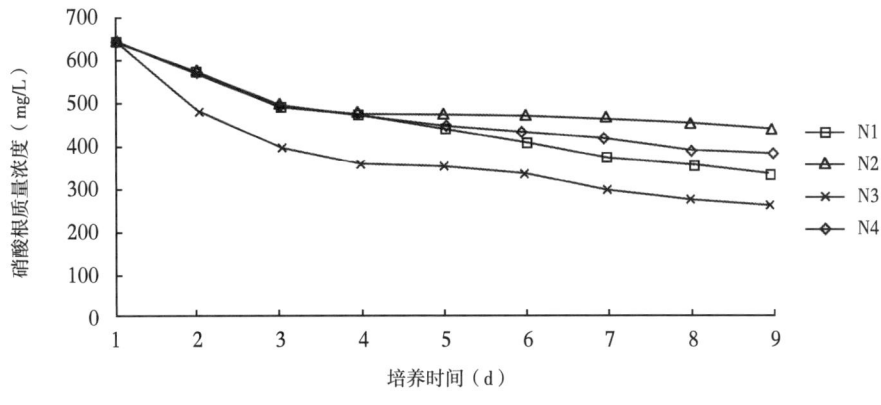

图 4-11 水样 NRB 体系中硝酸盐浓度变化

利用 Giltay 培养基法筛选菌株，试管中的培养基由于反硝化细菌硝酸还原酶的作用，硝酸盐还原为亚硝酸盐，使培养基呈碱性，培养基颜色由绿色变为蓝色。反硝化作用较强的菌株通过亚硝酸还原酶的作用，亚硝酸盐进一步还原成氧化亚氮或氮气，滞留在小试管中。在接种 N3、N1 菌株的培养基中，菌株都能够较好地降解培养基中的硝酸盐和亚硝酸盐，产气早，速度快，3~4d 产气达到高峰，表明其反硝化作用较强。N2、N4 菌株虽然也都能将硝酸盐还原成亚硝酸盐，但不能进一步还原亚硝酸盐，反硝化作用较弱。

同时发现在 N3 菌液作用下，与其他三种反硝化菌液不同的是，N3 培养基中添加的硫化钠也消失了，经鉴定，N3 菌为同步脱硫反硝化细菌。

3）培养基优化正交试验与结论

为了研究培养基中硝酸钾、硫酸镁、磷酸氢二钾、酒石酸钾钠和生长因子对菌体性能的影响，特安排了四因素三水平的正交试验，试验因素与水平见表 4-14。

表 4-14　试验因素与水平　　　　　　　　　　　　　　　　单位：g/L

水平	因素 A 碳源	因素 B 氮源	因素 C 磷源	因素 D 生长因子
1	150	120	30	80
2	200	150	50	100
3	250	180	70	120

选用 $L_{16}(4^3)$ 正交表进行试验设计，按不同方案配制培养基对细菌进行培养，每天分别测试各培养基中细菌生长状况，试验方案与试验结果如表 4-15 所示。通过计算各因素的极差，根据极差大小，判断各因素的主次影响顺序为生长因子＞硝酸钾＞硫酸镁＞酒石酸钾钠＞磷酸氢二钾。即生长因子对细菌生长的影响最大，而磷酸氢二钾对细菌生长的影响最小。根据各因素各水平的平均值确定优水平，进而选出优组合：磷酸氢二钾 0.9g/L、硫酸镁 0.2g/L、酒石酸钾钠 20g/L、硝酸钾 2g/L、生长因子 7g/L。因为在上述正交试验中未

出现过该组合，为此专门按照该优组合合成培养基进行了细菌培养实验，每天监测细菌生长状况。结果表明，在硫酸镁 0.2g/L、硝酸钾 2g/L、酒石酸钾钠 20g/L、磷酸氢二钾 0.9g/L、生长因子 7g/L 的最优合成条件下，3d 后细菌浓度达到 9.5×10^8 个 /mL，将该调控剂命名为 γ 调控剂。

表 4-15　正交试验方案与试验结果分析

试验号	磷酸氢二钾（g/L）	硫酸镁（g/L）	酒石酸钾钠（g/L）	硝酸钾（g/L）	生长因子（g/L）	细菌浓度（10^8 个 /mL）
1	0.3	0.1	10	1	3	0.6
2	0.3	0.2	20	3	9	3.9
3	0.3	0.3	25	2	7	7
4	0.3	0.4	15	4	5	0.7
5	0.5	0.1	15	2	9	0.9
6	0.5	0.2	25	4	3	1.3
7	0.5	0.3	20	1	5	1.5
8	0.5	0.4	10	3	7	4.1
9	0.7	0.1	20	4	7	6.5
10	0.7	0.2	10	2	5	5.7
11	0.7	0.3	15	3	3	0.6
12	0.7	0.4	25	1	9	0.9
13	0.9	0.1	25	3	5	1.6
14	0.9	0.2	15	1	7	8.2
15	0.9	0.3	10	4	9	2.2
16	0.9	0.4	20	2	3	6.4
K1	12.2	11.3	12.6	11.2	8.9	
K2	9.5	19.1	12.1	21.7	9.5	
K3	13.7	11.3	18.3	10.2	25.8	
K4	18.4	12.1	10.8	10.7	9.6	
k1	3	2.8	3.2	2.8	2.2	
k2	2.4	4.8	3	5.4	2.4	
k3	3.4	2.8	4.6	2.6	6.4	
k4	4.6	3	2.7	2.7	2.4	
极差 R	1.2	2	1.9	2.8	4.2	
因素主次顺序	生长因子＞硝酸钾＞硫酸镁＞酒石酸钾钠＞磷酸氢二钾					
优水平	0.9	0.2	20	2	7	
优组合	磷酸氢二钾 0.9g/L、硫酸镁 0.2g/L、酒石酸钾钠 20g/L、硝酸钾 2g/L、生长因子 7g/L					

4）生长温度的测定

设 20℃、30℃、40℃、50℃、60℃等 5 个温度梯度培养 3d，利用稀释平板法测定菌株生长的最适温度。

通过实验结果可以看出，N3 菌在 40℃生长最为旺盛，30℃次之，在 60℃以上存活率最低（图4-12），说明N3菌的最佳生长温度为40℃。N3菌株在最适培养条件下最高生长浓度为8×10^8个/mL。

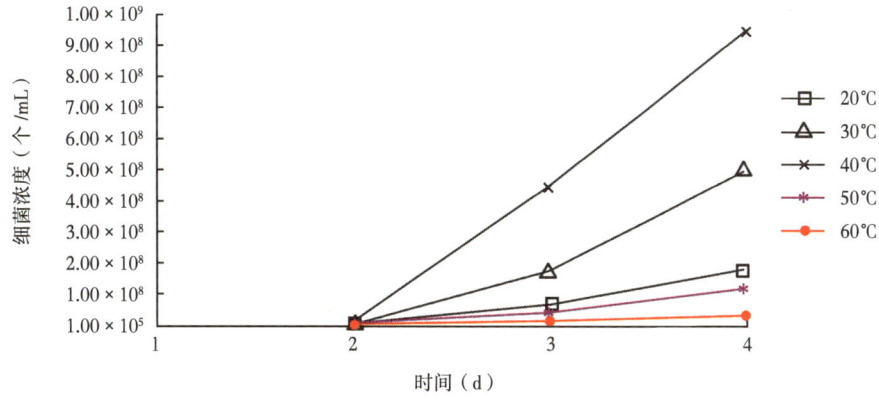

图4-12 不同温度下NRB的生长情况

三、生物脱硫抑硫及生物除铁技术研究

自然界中很多细菌之间存在相互作用，硫酸盐还原菌也和不同的细菌之间存在相互作用，如功能菌，根据资料，功能菌在某些条件下可以和硫酸盐还原菌进行竞争，进而减少硫酸盐还原菌所造成的影响。在实验室条件下模拟硫酸盐还原菌和竞争菌共存系统，通过调节系统的不同方面研究硫酸盐还原菌和竞争菌之间的生态关系。

（一）菌种及培养基选择与评价

1. 菌种

通过驯化筛选出优势菌种：硫酸盐还原菌株A2，功能菌株N3。

2. 培养基及试剂

1）还原菌驯化富集培养基

采用美国石油协会(API)推荐的标准培养基，其组成见表4-16。

表4-16 SRB驯化富集培养基

名称（分子式）	质量浓度（g/L）	纯度
硫酸镁（$MgSO_4$）	2.0	分析纯
氯化铵（NH_4Cl）	1.0	分析纯
无水氯化钙（$CaCl_2$）	0.1	分析纯
磷酸氢二钾（$K_2HPO_4 \cdot H_2O$）	0.5	分析纯
无水硫酸钠（Na_2SO_4）	0.5	分析纯
乳酸钠	3.5	化学纯
酵母浸膏	1.0	生化试剂
pH值	7.2	

2）功能菌脱氮试验培养基

采用美国石油协会（API）推荐的标准培养基，其组成见表4-13。

3）生态关系研究培养基

基础培养基如表4-16所示，根据不同的实验要求添加不同的成分，主要是硝酸盐、亚硝酸盐、碳源及生长因子等。

3. 培养方法

每次配制一定数量的培养基于注射瓶中，用棉塞塞好在121℃下灭菌，待培养基冷却后在无菌操作台中添加筛选出来的菌种，至充满状态。用胶塞将注射瓶塞好，并滴上熔化的蜡烛油密封，放在32℃培养箱中进行厌氧培养一周。

4. 生态关系研究方法

实验的菌种来自不同取样点，编号为A2、N3；每次用注射器从培养后摇匀的菌悬液中取适量的菌种加入离心管中，离心之后用无菌水反复冲洗称重定量之后在无菌操作台中添加到生态关系研究基础培养基之中，然后32℃培养，进行硫酸根离子浓度或硝酸根离子浓度的定期测定。

5. 取样方法

每天用酒精浸泡过的无菌针头取样，取完之后将针孔用熔化的蜡烛油封上，可以在瓶子外面包裹塑料膜，增加实验密封性，创造厌氧环境。取样之后在离心机中离心之后再取上部清样测定离子浓度。

6. 硫酸根离子和硝酸根离子浓度的测定方法

在一般的情况下，硫酸根离子浓度的测定方法为铬酸钡分光光度法，本次采用酚二磺酸分光光度法。

硝酸根离子浓度的测定方法采用对氨基苯甲酸光度法。

（二）生物脱硫菌种对硫酸盐还原菌关系研究

1. 富含硫酸根缺乏、调控剂时硫酸盐还原菌与功能菌之间的生态关系

取2个装有无菌生态关系研究基础培养基的注射瓶，瓶1仅添加定量的硫酸盐还原菌，瓶2添加等量的功能菌和硫酸盐还原菌，厌氧培养1d后每天测定硫酸根的浓度，所得结果见图4-13。

图4-13所示硫酸根浓度的下降情况可以大体反映样品中SRB的生长状况。由图4-13可知，随着培养时间的延长，培养液中硫酸根浓度都呈下降的趋势，说明各样品中皆有SRB的生长，从培养基的成分来看，体系中富含硫酸根而缺乏调控剂，在这种情况下，NRB对SRB生长几乎没有影响。

从图4-13分析，硫酸盐的含量在第一天、第二天下降最快，到第三天、第四天变化渐渐变小。仔细比较加入NRB和不加入NRB的硫酸盐含量变化趋势，可以得出不添加NRB时，硫酸盐含量变化稍快，但是趋势不明显。

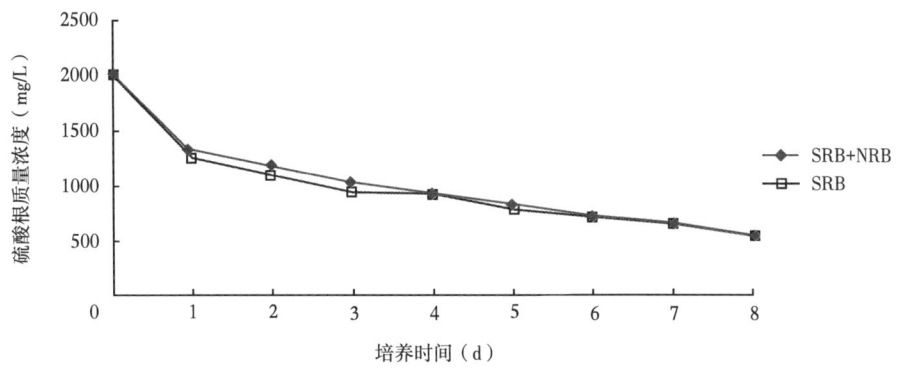

图 4-13　体系中缺乏调控剂时硫酸根的浓度变化

2. 富含硫酸根、调控剂时硫酸盐还原菌与功能菌之间的生态关系

在前面的实验中讨论了富含硫酸根缺乏调控剂时，NRB 对 SRB 的影响，在下面的实验中，将讨论富含硫酸根、调控剂时二者的生态关系。在生态关系研究培养基中按照功能菌富集培养基中的调控剂比例添加定量的硝酸钾，分别装在注射瓶中灭菌。按照生态关系研究方法接种定量的 SRB 到一个注射瓶中，另外一个注射瓶则添加等量的 NRB 和 SRB。厌氧培养 1d 后每天测定硫酸根离子浓度，做两个重复样品，得到结果如图 4-14 所示。

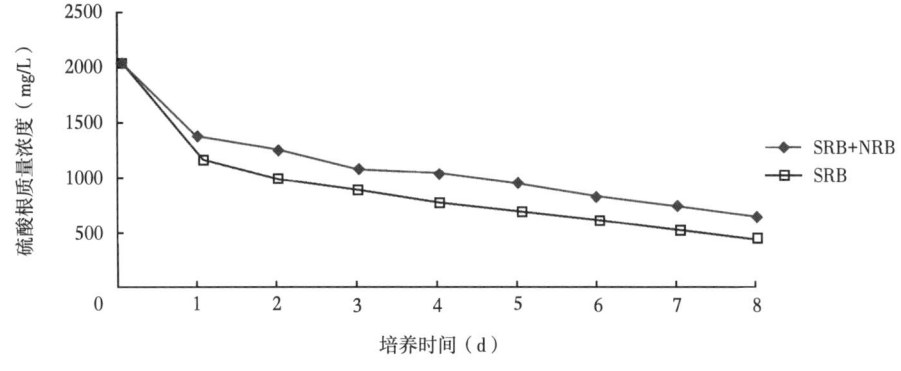

图 4-14　体系中富含调控剂时的硫酸根浓度变化

图 4-14 所示硫酸根浓度的下降情况可以大体反映样品中硫酸盐还原菌的生长状况。由图 4-14 可知，随着培养时间的延长，培养液中硫酸根浓度都呈下降的趋势，说明各样品中皆有硫酸盐还原菌的生长，从培养基的成分来看，体系中富含硫酸根和硝酸根，在这种情况下，功能菌对硫酸盐还原菌生长有影响。在含有调控剂的情况下，硫酸盐还原菌和功能菌共存时硫酸根的浓度下降趋势比硫酸盐还原菌单独存在时缓慢。

为了更清楚地描述该生态条件下功能菌和硫酸盐还原菌的相互关系，以实验初期硫酸根的初始浓度为基准，计算添加功能菌时系统中 SRB 生长的平均抑制率，平均抑制率的计算公式如下：

SRB 的生长抑制率 =（不添加功能菌时的硫酸根消耗量 − 添加调控剂及 NRB 时的硫酸根消耗量）/ 不添加功能菌时的硫酸根消耗量 × 100%

通过计算得 SRB+NRB 体系中添加调控剂的情况下，SRB 的平均生长抑制率为 18.2%。

研究结果表明，在富含硫酸根和调控剂的情况下，在 SRB 和 NRB 共存体系中，NRB 对 SRB 的生长有抑制作用。

3. 添加不同菌量时硫酸盐还原菌与功能菌之间的生态关系

研究结果表明，当调控剂存在时，功能菌对硫酸盐还原菌的生长有抑制作用。下面研究共存体系中功能菌的含量对硫酸盐还原菌的影响，实验用的培养基为生态关系研究培养基，无菌条件下，在培养基中加入定量的硫酸盐还原菌之后，添加不同接种量的功能菌，其中硫酸盐还原菌的接种量为3%，功能菌的接种量分别为2%、3% 及4%。

不同加菌量对功能菌生长的影响：取3个装有无菌生态关系研究基础培养基的注射瓶，瓶1、瓶2、瓶3添加等量的硫酸盐还原菌，瓶1、瓶2、瓶3分别添加2%、3%、4% 的功能菌。厌氧培养后定期测定体系中硫酸盐的浓度，结果见图4-15。

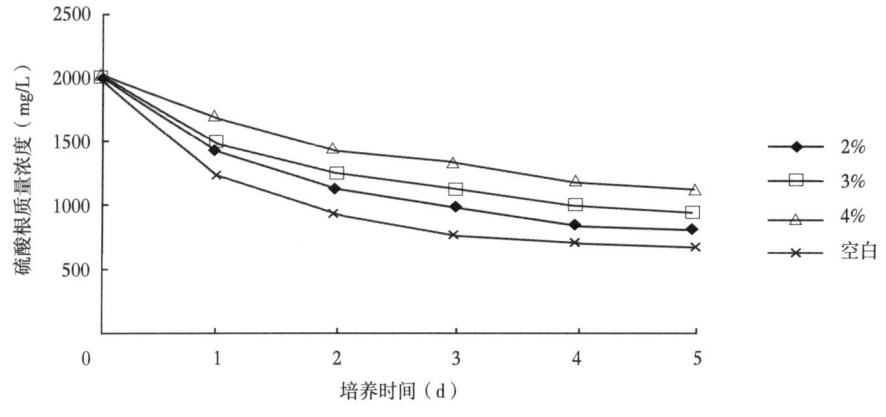

图 4-15　加入不同剂量 NRB 对硫酸盐含量的影响

图4-15所示硫酸根浓度的下降情况可以大体反映样品中硫酸盐还原菌的生长状况。由图4-15可知，随着培养时间的延长，培养液中硫酸根浓度都呈下降的趋势，说明各样品中皆有硫酸盐还原菌的生长。当调控剂存在时，加入不同剂量的功能菌时，硫酸盐含量的下降趋势有所不同。

从图4-15中可以看到，在添加一定量的调控剂时，加入不同剂量的功能菌对硫酸盐还原菌的生长影响程度不同，最快的是添加功能菌4% 时，其他依次为添加功能菌3%、2%时，加入的菌量越多，对硫酸盐影响相对越大。

为了更清楚地描述该生态条件下功能菌和硫酸盐还原菌的相互关系，以实验初期硫酸根的初始浓度为基准，计算添加不同功能菌时系统中SRB生长的平均抑制率，平均抑制率的计算公式如下：

SRB的生长抑制率=（不添加功能菌时的硫酸根消耗量－添加不同剂量功能菌时的硫酸根消耗量）/不添加功能菌时的硫酸根消耗量×100%

通过抑制率公式，计算得到添加不同剂量NRB条件下SRB的生长抑制率（表4-17）。

表4-17 添加不同剂量NRB下SRB的生长抑制率

SRB+NRB	2%NRB	3%NRB	4%NRB
硫酸根的下降浓度（%）	10.6	20.1	34.2

研究结果表明，在富含调控剂的情况下，加入越多的功能菌对硫酸盐还原菌的生长抑制作用越大。

4. 添加不同浓度调控剂时硫酸盐还原菌与功能菌之间的生态关系

在前面探讨了添加调控剂时对硫酸盐还原菌和功能菌共存体系会产生的影响，还有添加不同调控剂对体系的影响，实验结果表明添加铵盐有利于抑制硫酸盐还原菌的生长，所以本实验探讨加入不同剂量含铵盐的调控剂对硫酸盐还原菌共存体系的影响。实验中按照功能菌的培养基浓度剂量来计算添加调控剂的剂量，按比例增加或减少，为200mg/L、400mg/L、600mg/L、800mg/L、2000mg/L，样品重复数为2。

根据之前的实验结果表明在功能菌一定量的情况下加入调控剂，可以影响硫酸盐还原菌的生长情况，所以在下列实验中将探讨加入不同剂量调控剂对硫酸盐还原菌生长状况的影响，通过之前的实验结果，加入剂量分别为200mg/L、400mg/L、600mg/L、800mg/L、2000mg/L，培养6d，每天取样测定体系中的硫酸盐浓度，结果见图4-16。

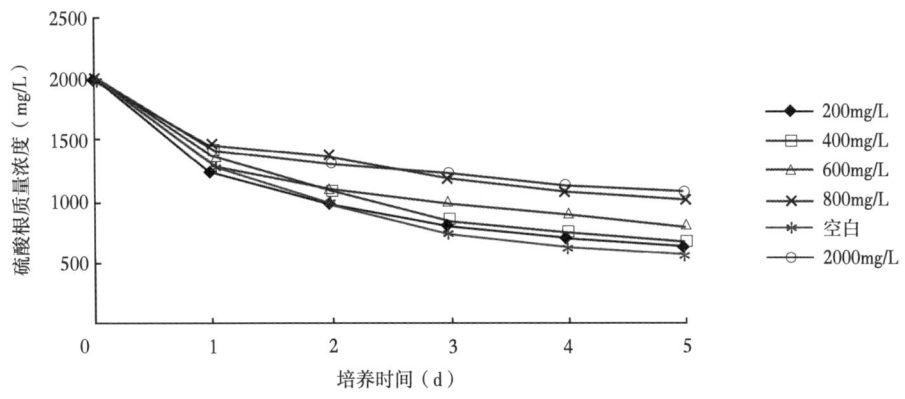

图4-16 添加不同浓度调控剂对硫酸盐含量的影响

从图4-16所示硫酸根浓度的下降情况可以大体反映样品中硫酸盐还原菌的生长状况。由图4-16可知，随着培养时间的延长，培养液中硫酸根浓度都呈下降的趋势，说明各样品中皆有硫酸盐还原菌的生长。当添加不同剂量的调控剂时，硫酸盐下降速率有所不同。

从图4-16中硫酸根的最终浓度来看，硫酸盐浓度下降最快的是体系中不添加调控剂的时候，再次是添加200mg/L，其他依次是添加400mg/L、600mg/L、800mg/L、2000mg/L时。由此得出不添加功能菌时，硫酸盐还原菌生长最旺盛，添加越多调控剂时对硫酸盐还原菌抑制作用越大，但是超过一定剂量时，对硫酸盐还原菌抑制作用影响趋于一致，说明对于实验加入的菌量来说，调控剂已经不是限制因素。

研究结果表明，在硫酸盐还原菌和功能菌共存体系中，调控剂的含量越大对硫酸盐还原菌的抑制作用越强，但是当剂量超过一定范围时，抑制作用趋于一致。适量的调控剂有利于抑制硫酸盐还原菌的生长。

5. 添加同种碳源不同浓度时硫酸盐还原菌与硝酸盐还原菌的生长影响

在之前的实验中，讨论了不同碳源对硝酸盐还原菌和硫酸盐还原菌的生长影响，在接下来的实验中，将探讨在同种碳源不同浓度的情况下对功能菌的影响，碳源选择乳酸钠（密度为1.27~1.33g/cm^3），取平均密度1.3g/cm^3。

取6个装有生态关系研究培养基的注射瓶，瓶1、瓶2、瓶3、瓶4、瓶5、瓶6中添加定量的硫酸盐还原菌，添加的含铵调控剂为2000mg/L，然后在瓶1、瓶2、瓶3、瓶4、瓶5、瓶6中分别加入100mg/L、200mg/L、800mg/L、3000mg/L、5000mg/L、8000mg/L的乳酸钠，厌氧培养之后定期测定硫酸根的浓度，结果见图4-17。

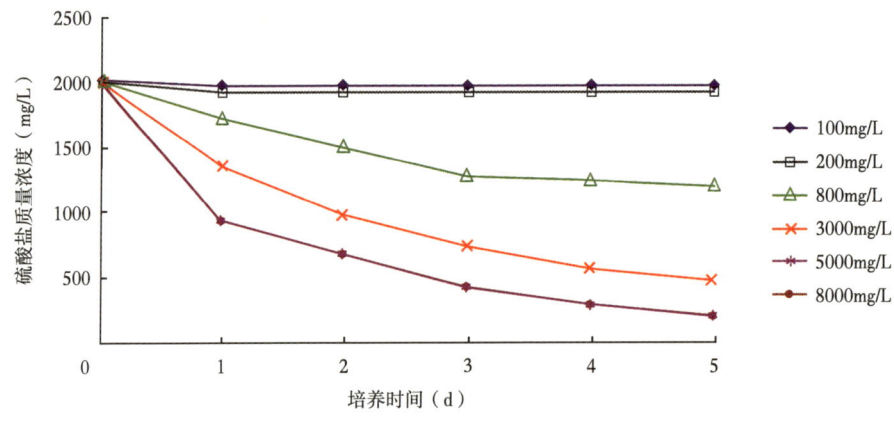

图4-17 添加同种碳源不同浓度对硫酸盐含量的影响

为对比功能菌存在时，添加同种碳源不同浓度对硫酸盐还原菌生长的影响，仍取6个装有生态关系研究培养基的注射瓶，瓶1、瓶2、瓶3、瓶4、瓶5、瓶6中添加定量的硫酸盐还原菌和功能菌，添加的含铵调控剂为0.5g/250mL，然后在瓶1、瓶2、瓶3、瓶4、瓶5、瓶6中分别加入100mg/L、200mg/L、800mg/L、3000mg/L、5000mg/L、8000mg/L的乳酸钠，厌氧培养之后定期测定硫酸根的浓度，结果见图4-18。

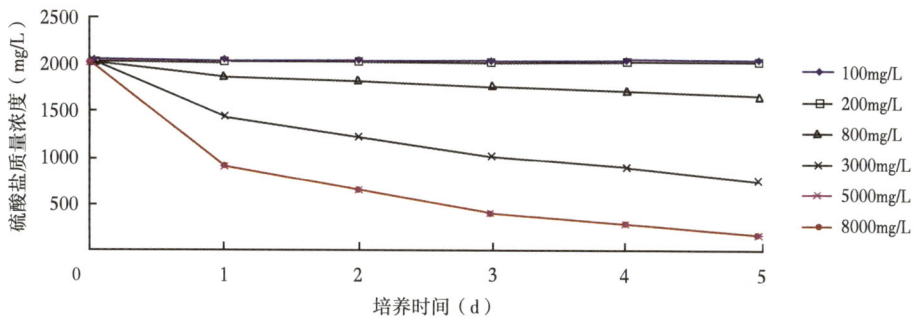

图 4-18 NRB 存在时添加同种碳源不同浓度对硫酸盐含量的影响

从图 4-18 所示硫酸根浓度的下降情况可以大体反映样品中硫酸盐还原菌的生长状况。由图 4-18 可知，在 SRB 和 NRB 共存体系中，在 SRB 和 NRB 接种量及硫酸盐、含铵调控剂含量一定的情况下，随着培养时间的延长，培养液中硫酸根浓度呈不同的下降趋势。随着碳源浓度增加，SRB 和 NRB 的生长速率都增加，但在同一浓度下 NRB 的生长速率高于 SRB，有利于和 SRB 进行营养竞争。当碳源质量浓度超过 1000mg/L 时，硫酸盐的下降速率接近未添加 NRB 的情况，说明碳源过剩时，NRB 对 SRB 的竞争作用减弱。当添加低剂量碳源时（小于 200mg/L），与只有 SRB 存在时明显不同，硫酸盐几乎没有减少，说明在底物低浓度时，NRB 对底物的争夺能力远远高于 SRB，也就是说在底物匮乏的情况下，SRB 甚至不能生长，NRB 在低底物条件下争夺碳源能力远远强于 SRB。

（三）生物除铁技术研究

1. 铁氧化菌概述

1996 年，在溪流、城市沟渠等水体沉积物中观察到铁氧化现象，称之为厌氧铁氧化；经过分离纯化，获得了具有铁氧化能力的纯培养物，称之为厌氧铁氧化菌。在此后 20 年的持续研究中发现，该类微生物广泛存在于自然界许多环境中，如淡水底泥、稻田土、海洋沉积物及地下水。铁氧化菌的发现不仅为废水生物脱氮技术的开发提供了依据，也为铁氧化菌种的发掘和铁、氮循环的认识提供了新的线索。

2. 仪器及器皿

ARY50 分光光度计（瓦里安）；CS-15R 离心机（美国贝克曼公司）；ALPCL-32L 高压灭菌锅（日本）；ISF1-X 摇床（瑞士科耐）；LSIS-B2V/ICV404 细菌培养箱（德国）；DZF6050 干燥箱（上海精宏实验设备有限公司）；En14130 电子天平（奥豪斯）；三角烧瓶、培养皿、微量加样器（200~1000μL）、Tip 头、注射器、比色管（50mL）、锥形瓶（250mL）、瓷蒸发皿（75~100mL）。

3. 培养基及试剂

硫酸盐还原菌驯化富集培养基：采用美国石油协会（API）推荐的标准培养基，其组成见表 4-10。

4. 筛选纯化

薄夹层的制作与稀释涂布：配制琼脂浓度为2%的营养型固体培养基，灭菌后待温度降至50℃左右时，在无菌条件下，将培养基倒入已灭菌并编号的培养皿（$d \times h$=90mm×15mm）皿盖中，其厚度为皿盖高度的1/4左右为宜。待培养基平板（为夹层的下层）冷却后，将富集液分别按10^{-2}、10^{-3}、10^{-4}稀释度吸取0.2 mL均匀涂布在平板上。静置，待涂布液迹基本渗入培养基后，倒入同种营养型固体培养基（为夹层的上层），其厚度要求略薄于下层（2~3 mm）；倒上层时，让液状培养基形成凸起状，随即迅速将培养皿的内皿（无菌）底朝下、口与皿盖同向嵌入上层培养基；结果是内皿与培养基间无任何气泡，内皿周围有少量培养基逸进内外皿的侧壁间隙内，最终表现出二重皿法样的形式。

夹层平板的封口：去掉内外培养皿侧壁间隙内过多的琼脂，并灌入适量融化的无菌石蜡让整个培养皿周围间隙均匀覆盖上一层石蜡，不能出现间断或气泡。

5. 筛选结果

按筛选标准方法稀释涂布—夹层培养法进行厌氧分离培养。驯化之后得到水样中的铁氧化菌一株，命名为FS（图4-19）。

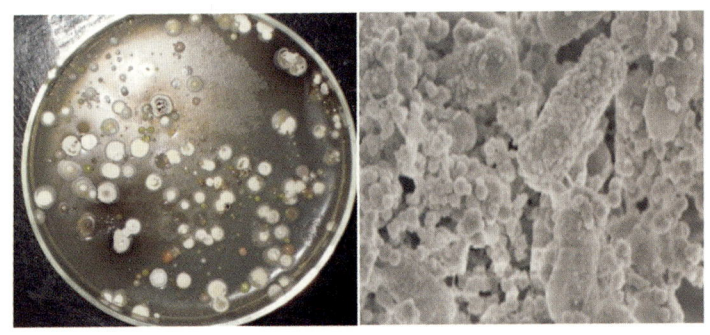

图4-19　筛选到的铁氧化菌

将标准培养基投加至孤岛东区污水，考察在污水中的生长曲线（图4-20）及亚铁去除效果（图4-21）。

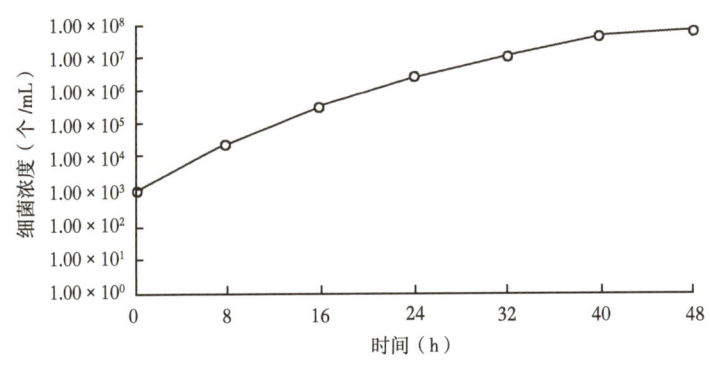

图4-20　铁氧化菌生长曲线

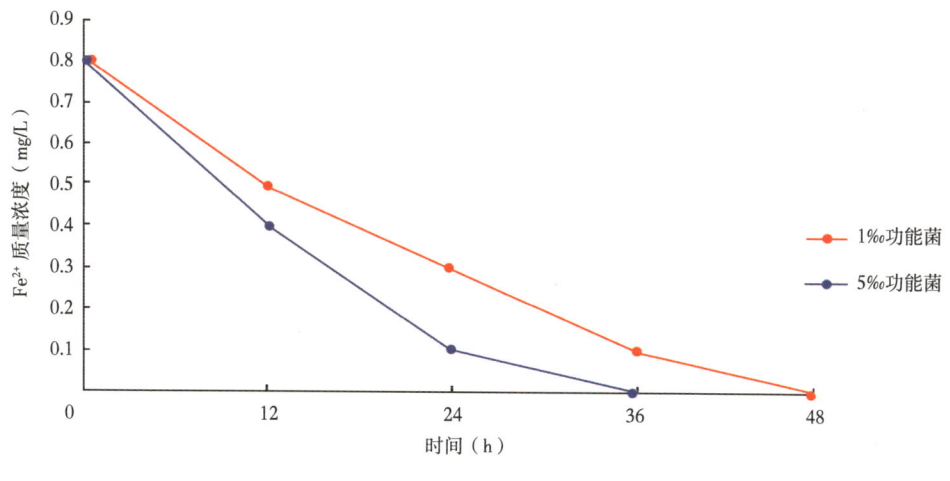

图 4-21 铁氧化菌除铁效果

筛选到的铁氧化菌能够适应孤岛东区污水,将污水中亚铁离子去除,保障注水效果。

四、亚硫酸盐还原酶抑制研究

前面研究中已经筛选获得高效脱硫功能菌,能有效去除污水中的硫化物,抑制 SRB 产生新的硫化物,但操作条件为在营养底物水平较低的环境下,随着营养底物浓度的进一步升高,筛选的功能菌生物竞争已不能完全抑制 SRB 的活性,需要开展生物酶抑制研究,直接针对受体 SRB 开展作用,进一步抑制其活性,保障生物抑制效果。

酶抑制作用是指酶的功能基团受到某种物质的影响,而导致酶活力降低或丧失的作用。该物质即称为酶抑制剂。酶抑制剂对酶有选择性,是研究酶作用机理的重要工具。此外,还有一些具有一定功能的存在于动植物体内的生物大分子也是酶抑制剂。酶受抑制时其蛋白部分并未变性。由于酶蛋白变性造成的酶失活作用,以及除去活化剂(如酶活力所必需的金属离子)而造成酶活力的降低或丧失,不属于酶抑制作用的范畴。

(一)材料、仪器与试剂

1. 菌种

通过驯化筛选出来的优势菌种:硫酸盐还原菌株 A2。

2. 培养基

硫酸盐还原菌驯化富集培养基:采用美国石油协会(API)推荐的标准培养基,其组成如表 4-10 所示。

3. 主要仪器和设备

紫外/可见分光光度计:Model UV-2000,莱伯泰科(北京)有限公司。电子天平:上海精益科学仪器有限公司。722 分光光度计:上海第三分析仪器厂。WMZK-01 温度指示控制仪：上海医用仪表厂。PB-10型酸度计：Sartorius制造。JYD-1A型溶氧测定仪：江苏江分电化学分析仪器有限公司。高速离心机：珠海黑马医学仪器有限公司。CO_2夹层培养箱：美国NUAIR公司。超声波破碎仪：SONICS,100W/20kHz，美国产。冷冻真空干燥仪：FTS，美国NUAIR公司。OLYMPUS生物学显微镜及拍照系统：日本。S-570扫描电镜：日本日立公司。凝胶成像系统：Digi Doc-It，美国。超速离心机（60M）：Beckman公司，美国。柱层析系统：LKB公司。倒置显微镜：OLYMPUS，日本。大容量高速冷冻离心机：图们离心机厂。DNA Genius：瑞士Tecken公司。TS-1型脱色摇床：珠海黑马医学仪器有限公司。

4. 主要试剂

主要试剂见表4-18。其他常规试剂均为分析纯。

表4-18　主要试剂

试剂名称	规格	厂家
DEAE-52		Whatman
Sphadex		Phamacia
硫化钠	A.R.	天津化学试剂三厂
考马斯亮蓝R-250	A.R.	Sigma
考马斯亮蓝G-250	A.R.	Sigma
亚硫酸钠	A.R.	天津塘沽新华化工厂
细胞色素C（马心）	电泳纯	Sigma
蛋白质分子量标准（低）	电泳纯	TaKaRa
Tris	A.R.	北京化学试剂公司
TEMED	A.R.	Merck
AP（过硫酸铵）	A.R.	Bio-Rad
Bis	A.R.	Sigma
丙烯酰胺	A.R.	Sigma
DNase	电泳纯	Sigma
十二烷基磺酸钠	A.R.	北京化学试剂公司
聚乙二醇12000	A.R.	Fluka
对氯汞苯甲酸酯PCMB	A.R.	Sigma
苯甲基磺酰氟化物	A.R.	Sigma
吲哚乙酸	A.R.	Sigma
核苷酸类辅酶	A.R.	Sigma

5. 主要溶液

1）酶活力测定液

亚硫酸盐还原酶活力测定液：10mmol/L，pH=7.5 Tris-HCl缓冲液（含0.1mmol/L

Na_2EDTA）；10mmol/L，pH＝7.5 Tris-HCl 缓冲液（含 0.5mmol/L Na_2SO_3）。

2）蛋白含量测定液

0.01% 考马斯亮蓝 G-250 试剂：考马斯亮蓝 G-250 100mg 溶于 50mL 95% 的乙醇中，加入 100 mL 85% 磷酸，用蒸馏水稀释至 1000mL，滤纸过滤。最终试剂中含 4.7%（W/V）乙醇，8.5% 磷酸。

0.15mmol/LNaCl；标准牛血清蛋白溶液 1mg/mL、0.1mg/mL。

3）酶提取液

10 mmol/L，pH＝7.5 Tris-HCl 缓冲液（含 2 mmol/L DNA 酶 I）。

4）银染法溶液配方

固定液：0.018% 甲醛，50% 甲醇，12% 乙酸。

冲洗液：50% 乙醇。

预处理液：0.02% 硫代硫酸钠。

渗透液：0.2%$AgNO_3$，0.075% 甲醛去离子水。

显影液：6% 无水碳酸钠，2% 预处理液，0.05% 甲醛。

终止液：50% 甲醇，12% 乙酸，38% 去离子水。

保存液：50% 的甲醇。

（二）分离菌产酶发酵条件的优化

影响发酵生产的因素很多，对同一菌种来说，产酶高峰期、温度、pH 值等发酵条件尤为重要。为了得到实验所需的、活力较高的关键酶，有必要对其发酵条件进行优化。

1. 菌株产酶最适温度的测定

为了考察分离菌亚硫酸盐还原酶的产酶最适温度，SRB 发酵液分别在 25℃、30℃、37℃、45℃、50℃下发酵 24h，取出测菌体生物量（OD 值）和两种酶的酶活力（U/mL），并比较选出产酶量最高的培养温度。

2. 菌株产酶最适 pH 值的测定

由于摇瓶发酵过程中 pH 值难以控制，因此只能控制发酵液初始 pH 值。采用一系列不同初始 pH 值进行发酵培养，发酵 24h，取出测 OD 值（A600）和两种酶的酶活力（U/mL），并比较选出产酶量最高的初始 pH 值。

3. 菌株产酶高峰期的测定

将纯化后的 SRB 菌株接种到硫酸盐还原菌液体培养基中，置于 35℃恒温摇床振荡培养，摇床转速 100r/min。每天分别取一定量的菌液以液状石蜡封口后于 4℃、13000r/min 条件下离心 50min，收集菌体湿细胞悬浮在 50mmol/L Tris-HCl 缓冲液（pH＝7.5）中进行酶活力和蛋白含量的测定。

(三) 亚硫酸盐还原酶的分离纯化

酶作为一种生物大分子，有其自身的特殊性质，其来源成分复杂，在生物体内含量较少，离开生物体内环境容易失活，实验重复性差，因此要达到理想的分离效果必须针对不同来源的目的酶确定相应的提纯方法和条件。实验先研究确定了SRB菌株的产酶最佳条件，从而有效提高了粗提液中目的酶的含量。同时，在实验过程中始终在充氮气和低温条件下对酶的粗提液进行分离操作，从而最大程度保证了目的酶的酶活力。

1. 分离菌的培养

取分离菌在含2500 mL硫酸盐还原菌培养基的培养瓶中接种并充入氮气和氢气（95%N_2，5%H_2），置于32℃富集培养72h后显微镜镜检、血球计数板计数，当细菌浓度达到0.7~1g/L时，取菌液以液状石蜡封口后于4℃、13000r/min条件下离心50min，收集菌体湿细胞30 g，以50mmol/L Tris-HCl缓冲液（pH=7.5）洗涤，-20℃保存备用。

2. 分离菌粗提液的制备

取30g分离菌（湿重）重新悬浮于120 mL含2 mg DNaseI（EC 3.1.21.1）的1mmol/L Tris-HCl缓冲液（pH=7.5）中，使用前抽真空通氮气2h。随后将分离菌悬浮液置于冰浴中预冷后用超声破碎仪破碎细菌细胞，超声破碎仪工作参数为输出功率30W、工作3s、间歇3s、循环99次，之后用显微镜镜检破碎效果，然后在85000r/min下以液体石蜡封口超速离心60 min，得到无细胞提取物上清液130mL，上清液即为粗酶液。

3. 盐析分离

1）盐析无机盐种类的确定

蛋白质盐析中高价阴离子效果好，有许多盐在生产中被应用，其中硫酸铵溶解度大，受温度影响小，性质温和，对酶活力影响较小且成本低廉，所以实验选择硫酸铵对分离菌粗酶液进行盐析沉淀分离。

2）硫酸铵分级沉淀

实验中采用两步硫酸铵分级分离的方法去除部分杂蛋白。取100mL亚硫酸盐还原酶的无细胞粗酶液，将其适当稀释至蛋白含量为3~5mg/mL，在40℃下缓慢搅拌取硫酸铵饱和度为10%~80%，每隔10%为一个硫酸铵饱和度样点加入研细的硫酸铵粉末，各饱和度硫酸铵均静置30min，待沉淀完全后，离心取上清液并在分光光度计下测定其中两种酶的相对酶活力和相对蛋白含量，得到上清液中两种酶的相对酶活力和蛋白含量与硫酸铵饱和度的线性关系。同时溶解沉淀，用分光光度法检测沉淀中的总蛋白含量和剩余酶活力，根据上清液中亚硫酸盐还原酶酶活性与硫酸铵饱和度的线性关系及沉淀中总蛋白含量和剩余酶活力变化情况，确定对无细胞粗酶液的盐析最佳硫酸铵饱和度。

3）透析

沉淀下来的亚硫酸盐还原酶样品用50mmol/L Tris-HCl缓冲液（pH=7.5）溶解，装入透析袋中，溶液以占透析袋约 1/3 体积为宜。透析袋放入 2000mL 烧杯中对 50mmol/LTris-HCl 缓冲液（pH=7.5）充分透析，中间更换三次透析液，透析过程在 4℃ 冰箱中进行。透析后的含亚硫酸盐还原酶的粗酶液经真空冷冻干燥浓缩后进行层析柱纯化，层析过程均在 LKB 2023 MINICOLDLAB 工作站进行，纯化过程中所用缓冲液 pH 值均为 7.5。

亚硫酸盐还原酶粗提液经盐析、透析一系列纯化步骤实现了纯化，纯化结果见表 4-19。

表 4-19 亚硫酸盐还原酶纯化结果

纯化步骤	总蛋白（mg）	总活力（U）	比活力（U/mg protein）	活性回收率（%）	纯化倍数
原始粗提液	1480.00	894.00	0.60	100	1
65%（NH$_4$）$_2$SO$_4$	290.70	480.50	1.65	54.65	2.75

（四）亚硫酸盐还原酶的性质表征

1. 最适温度和最适 pH 值

将层析纯化后的亚硫酸盐还原酶酶液加入不同 pH 值（7.5、8、8.5、9、9.5、10、10.5）的 50mmol/L Tris-HCl 缓冲液（含 0.5mmol/L Na$_2$SO$_3$、0.1mmol/L Na$_2$EDTA）中，以加入 50mmol/L Tris-HCl（含 0.5mmol/L NADPH）为反应开始，测定其活力的变化，以酶活力最高者为 100%，研究不同 pH 值对酶活力的影响以确定最适 pH 值。

取酶液加入不同温度（15℃、25℃、30℃、35℃、40℃）下的 50mmol/L、pH=7.5 Tris-HCl（含 0.5mmol/L Na$_2$SO$_3$、0.1mmol/L Na$_2$EDTA）缓冲液中，以加入相应温度的 50mmol/L、pH=7.5 Tris-HCl 缓冲液（含 0.5mmol/L NADPH）为反应开始，测定其活力的变化，以酶活力最高者为 100%，研究不同温度下酶活力变化以确定最适温度。

亚硫酸盐还原酶酶液与不同 pH 值的 Tris-HCl 缓冲体系配制的底物溶液反应，测定酶活力如图 4-22 所示。实验结果表明，亚硫酸盐还原酶活力在 pH=7.6 达到最高峰，在 pH 为 7~8 时酶活力均较高。

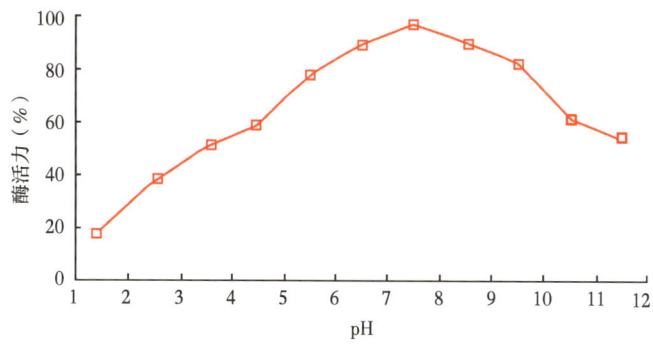

图 4-22 pH 值对酶活力的影响

在不同温度下测定亚硫酸盐还原酶活性，结果如图4-23所示。实验结果表明，亚硫酸盐还原酶的最适温度为34℃。

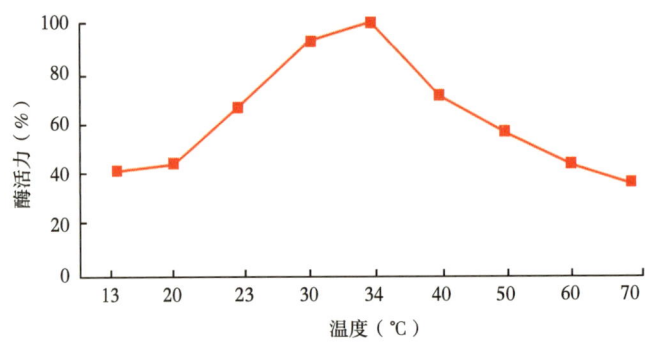

图4-23　温度对酶活力的影响

2. 底物专一性和电子受体分析

使用亚硫酸盐还原酶活力测定方法对该酶的底物专一性进行研究。分别以硫化钠、硫代硫酸钠（0.5mmol/L）、连四硫酸钾（0.5mmol/L）、硫单质（1mmol/L）代替亚硫酸钠（0.5mmol/L）作为底物测定亚硫酸盐还原酶活力，以亚硫酸钠为底物测得的酶活力（100%）来表示相对酶活力。

在纯化的亚硫酸盐还原酶活力分析中，分别用硫化钠、硫代硫酸钠、连四硫酸钾、硫单质代替亚硫酸钠作为底物，结果显示亚硫酸盐还原酶催化上述底物的还原速率基本为零，因此，由以上结果说明亚硫酸盐是该酶的唯一底物。

3. 金属离子及抑制剂对亚硫酸盐还原酶的影响

在底物充分条件下，用标准酶活力测定方法研究不同金属离子和抑制剂对亚硫酸盐还原酶活力的影响。以不加金属离子及抑制剂时的酶活力为100%，其他条件下测得的酶活力换算成相对酶活力，各种离子和化合物对酶活力有不同的影响，结果如表4-20所示：金属离子Co^{2+}、Cu^{2+}和Hg^{2+}对亚硫酸盐还原酶有明显的抑制作用，可能是因为它们易于与该酶的功能基团如氨基、羧基、咪唑基结合，进而改变该酶的分子构造；Zn^{2+}、Mn^{2+}、Ca^{2+}对该酶有轻微的抑制作用；Na^+、K^+、Mg^{2+}对该酶活力无明显影响。

对溴汞苯甲酸酯（PBMB）和KCN能强烈抑制亚硫酸盐还原酶的活性，连二亚硫酸盐、金属离子螯合剂（EDTA）、蛋白酶抑制剂苯甲基磺酰氟化物（PMSF）和IAA对该酶活性有轻微的抑制作用，叠氮化钠对该酶无抑制作用。PBMB和KCN能强烈抑制该酶活性，这是因为PBMB和KCN能使黄素单核苷酸（FMN）从酶蛋白中分离出来，进而破坏酶的电子传递系统，导致酶失活。浓度为1 mmol/L的连二亚硫酸盐对该酶无抑制，而2mmol/L的连二亚硫酸盐可使酶活力下降到88%，原因可能是高浓度连二亚硫酸盐的存在对该酶具有产物抑制作用。

表 4-20　金属离子及抑制剂对亚硫酸盐还原酶的影响

金属离子	终浓度（mmol/L）	剩余酶活力（%）	抑制剂	终浓度（mmol/L）	剩余酶活力（%）
Na^+	1	91	IAA	1	87
K^+	1	94	NaN_3	1	100
Mg^{2+}	1	92	EDTA	1	88
Zn^{2+}	1	58	PSF	1	22
Mn^{2+}	1	45	PBMB	1	17
Hg^{2+}	1	43	$Na_2S_2O_4$	1	100
Cu^{2+}	1	37		2	88
Ca^{2+}	1	64			
Co^{2+}	1	34			
Fe^{2+}	1	60			
Fe^{3+}	1	54			

在底物充分条件下将对溴汞苯甲酸酯（PBMB）注入含有 SRB 的培养液，定期检测硫化物含量，考察对 SRB 活性的抑制效果，结果如图 4-24 所示。

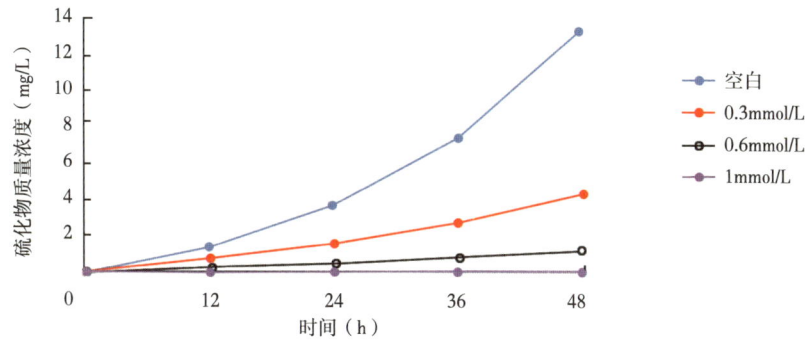

图 4-24　酶抑制剂对 SRB 的抑制效果

由图 4-24 可以看出，筛选的酶抑制剂在底物充分条件下能有效抑制 SRB 活性，降低硫化物代谢量。

将酶抑制剂投加到含硫化物的脱硫功能菌及生物调控剂中，考察对脱硫功能菌的影响，结果如图 4-25 所示。

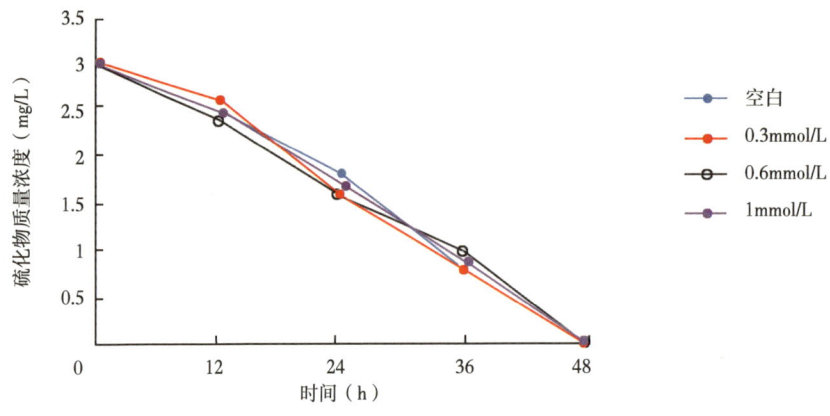

图 4-25　酶抑制剂对生物脱硫的配伍性

实验结果表明，酶抑制剂 PBMB 对生物脱硫无影响，可以与生物脱硫菌共同用于对 SRB 的抑制及硫化物去除。

通过开展亚硫酸盐还原酶的研究表明：（1）通过分离纯化得到亚硫酸盐还原酶，并经盐析、透析一系列纯化步骤实现了纯化；（2）亚硫酸盐还原酶活力在 pH 值为 7.6 达到最高峰，酶在 pH 值为 7~8 时活力均较高，亚硫酸盐还原酶的最适温度为 34℃，亚硫酸盐是该酶的唯一底物；（3）金属离子 Co^{2+}、Cu^{2+} 和 Hg^{2+} 对亚硫酸盐还原酶有明显的抑制作用，对溴汞苯甲酸酯（PBMB）和 KCN 能强烈抑制亚硫酸盐还原酶的活性，PBMB 对脱硫功能菌无抑制作用，可以在生物脱硫同时用来对 SRB 进行抑制。

第五章 孤岛油田化学驱采出液处理技术应用实例

第一节 油水分离剂在化学驱采出液和含油污水处理中的应用实例

孤岛油田已进入特高含水期开发阶段，综合含水率高，采出液量大。由于注聚、稠油热采等三次采油工艺和各种增产措施的应用，采出液中的原油物性发生了较大变化，表现在原油密度增加，黏度增大，采出液含聚浓度增加，原油乳化状态复杂，原油脱水和污水处理难度越来越大。

"孤岛油田采出液油水分离机理及新方法研究"项目是中国石化科研攻关项目，经过2年多室内实验研究，基本完成了机理及破乳剂和净水剂研究，经过室内测试，破乳剂和净水剂技术水平能够达到合同规定指标，具备了实施现场试验条件。在孤岛采油厂集输科、集输注水大队、工艺所等多家协调组织下，该项目在孤岛采油厂孤五联合站、孤二联合站分别进行了破乳剂和净水剂的现场试验应用。

一、联合站生产工艺流程

（一）孤五联合站基本概况

孤五联合站承担着孤五经营管理区、垦西经营管理区和垦利经营管理区采出液处理任务。大规模见聚合物以来，采出液污水处理难度加大，原油脱水不稳，外输原油含水率波动，外输污水含油量高。

目前孤五联合站处理液量为 $2.74 \times 10^4 \, m^3/d$，综合含水率为94%，来液温度为50 ℃。孤五联合站脱水工艺采用三段沉降、电化学脱水工艺，污水处理采用二级重力沉降除油工艺。试验前，XPI-5085B破乳剂用量为 500 kg/d，原料油含水率为26%~47%，外输原油含水率为1.2%左右，外输污水含油为950 mg/L左右。

原油处理工艺流程如图5-1所示。

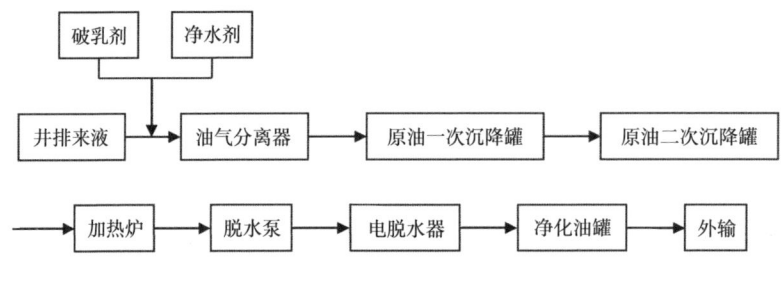

图 5-1　孤五联合站原油处理工艺流程

污水处理工艺流程如图5-2所示。

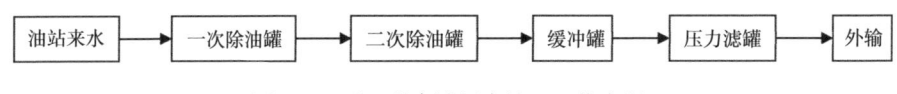

图 5-2　孤五联合站污水处理工艺流程

（二）孤二联合站基本概况

孤二联合站处理液量为$2.4 \times 10^4 m^3/d$，处理油量为1500t/d，综合含水率为92%，XPI-5085B破乳剂用量为600kg/d，原料油含水率为30%，外输原油含水率为1.2%左右，外输污水含油量为1500mg/L左右，最高达到2700mg/L。来液温度为40℃，脱水温度为70℃，脱水工艺采用三段沉降、电化学脱水工艺，污水处理采用二级重力沉降除油工艺。

原油处理工艺流程如图5-3所示。

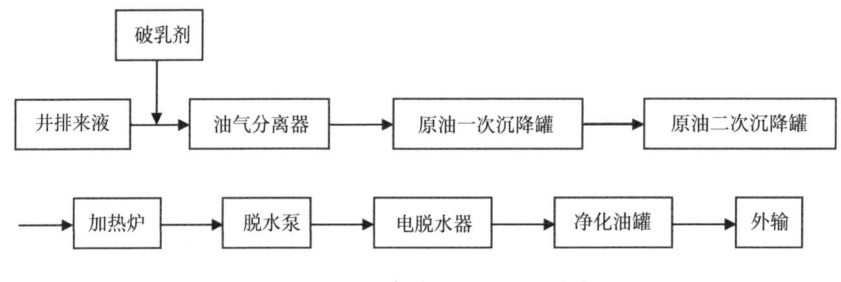

图 5-3　孤二联合站原油处理工艺流程

污水处理工艺流程如图5-4所示。

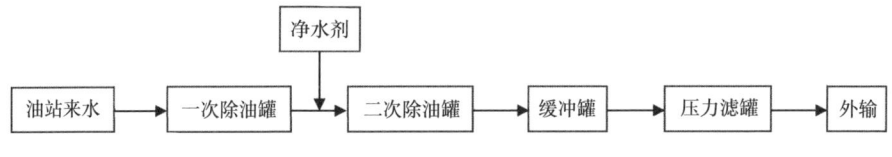

图 5-4　孤二联合站污水处理工艺流程

二、采出液处理剂应用及工艺配套

(一)孤五联合站现场试验

1. 试验方案

试验期间,维持联合站正常生产流程和工艺条件不变,采用原来的破乳剂加药流程,将试验药剂 GD-05 定量、连续泵入井排阀组。

现场试验分为三个阶段(共 30 d)。

将破乳剂按照原破乳剂加药流程投加,考察破乳剂的破乳效果。实施方案见表 5-1。

表 5-1 孤五联合站药剂调整实施方案(第一阶段)

阶段	试验天数(d)	加药方案	目的
药剂投加	3	GD-05 破乳剂用量为 500 kg/d	观察脱水效果和污水水质
药剂调整	7	调整破乳剂用量为 350 kg/d 左右	确定现场破乳剂最佳使用量

稳定调整后的破乳剂用量(350 kg/d 左右),利用预脱水剂加药流程加入净水剂 260 kg/d,观察污水水质。实施方案见表 5-2。

表 5-2 孤五联合站药剂调整实施方案(第二阶段)

阶段	试验天数(d)	加药方案	目的
药剂投加	3	净水剂用量为 260kg/d	观察脱水效果和污水水质
药剂调整	7	调整净水剂用量	确定现场净水剂最佳使用量

按照确定的最佳破乳剂和净水剂使用量,连续运行 10d,观察原油破乳和污水净化效果。

2. 试验结果

试验结果见表 5-3。

由表 5-3 可知:试验前,XPI-5085B 破乳剂用量为 500kg/d,原料油含水率为 26%~47%;外输原油含水率平均为 1.2%;一次罐污水含油量平均为 3740mg/L,外输污水含油量平均为 950mg/L。

分析表 5-3 可知,使用 GD-05 破乳剂后,原料油含水率明显降低,最高为 29%,最低为 8%,平均为 20.7%;外输原油含水率最高为 1.0%,最低为 0.5%,平均为 0.82%;一次罐污水含油量平均为 1314.1mg/L,外输污水含油量平均为 78.4mg/L,试验取得了明显的效果。

表 5-3 孤五联合站现场试验结果

日期	进液温度（℃）	脱水器温度（℃）	药剂用量（kg/d）		原料油含水率（%）	外输原油含水率（%）	一次罐污水含油量（mg/L）	外输污水含油量（mg/L）
			破乳剂	净水剂				
试验前	40	61	500		28	1.18	3740	950
7.16	40	60	500		25	0.8	3550	1070
7.17	40	60	500		20	0.5	3410	958
7.18	40	62	500		21	0.5	3110	970
7.19	40	60	420		16	0.5	2350	940
7.20	40	60	400		15	0.6	2390	950
7.21	40	60	400		13	0.5	2350	930
7.22	40	62	380		8	0.6	2410	950
7.23	40	62	350		13	0.7	2480	960
7.24	40	62	350	265	12	0.7	2360	974
7.25	40	60	350	265	15	0.8	1730	920
7.26	40	62	350	265	14	0.8	1740	442
7.27	40	62	350	265	24	0.8	1460	81
7.28	40	62	350	240	17	1.0	1570	71
7.29	40	60	350	240	18	1.0	1340	86
7.30	40	62	350	240	16	1.0	1480	75
7.31	40	60	350	220	29	0.5	1290	79
8.3	40	60	350	220	21	1.0	1310	84
8.4	40	60	350	220	22	0.8	1520	70
8.5	40	62	350	240	22	1.0	1480	80
8.6	40	62	350	240	21	0.9	1160	82
8.7	40	60	350	240	20	0.6	1340	71
8.8	40	60	350	240	19	0.7	1250	79
8.9	40	60	350	240	18	0.7	1200	73
8.10	40	60	350	240	22	0.8	1270	78
8.11	40	62	350	240	22	0.8	1180	81
8.12	40	60	350	240	20	0.7	1130	86
8.13	40	62	350	240	20	0.9	1210	81
8.14	40	62	350	240	21	0.8	1150	76

（二）孤二联合站现场试验

1.试验方案

试验期间，维持联合站正常生产流程和工艺条件不变，采用原来的破乳剂加药流程，将试验药剂GD-02定量、连续泵入井排阀组，在污水站添加净水剂FX-02，药剂质量分数为6%，在污水站稀释至2%后添加。

现场试验分为三个阶段（共30d）。

将破乳剂按照原破乳剂加药流程投加，考察破乳剂的破乳效果。实施方案见表5-4。

表5-4 孤二联合站药剂实施方案（第一阶段）

阶段	试验天数	加药方案	目的
药剂投加	3d	GD-02破乳剂用量为600kg/d	观察脱水效果、污水水质
药剂调整	7d	调整破乳剂用量为500kg/d左右	确定现场破乳剂最佳使用量

稳定调整后的破乳剂用量（500 kg/d 左右），在污水站加入净水剂340kg/d，观察污水水质。实施方案见表5-5。

表5-5 孤二联合站药剂实施方案（第二阶段）

阶段	试验天数	加药方案	目的
药剂投加	3d	净水剂用量340kg/d	观察脱水效果、污水水质
药剂调整	7d	调整净水剂用量	确定现场净水剂最佳使用量

按照确定的最佳破乳剂和净水剂使用量，连续运行10d，观察原油破乳和污水净化效果。

2. 试验结果

试验结果见表5-6。

表5-6 孤二联合站现场试验结果

日期	进液温度（℃）	脱水温度（℃）	药剂用量（kg/d）		原料油含水率（%）	外输原油含水率（%）	一次罐污水含油量（mg/L）	外输污水含油量（mg/L）
			破乳剂	净水剂				
试验前	41	71	600		22	1.5	7000	2700
8.1	41	70	600		20	1.4	4580	2670
8.2	41	70	600		21	1.3	4430	2820
8.3	41	72	600		18	1.0	4510	2710
8.4	41	72	550		18	1.0	3740	2318
8.5	41	70	520		18	1.2	2860	2010
8.6	41	70	500		18	1.0	3100	1750
8.7	41	70	500		19	0.9	2850	1780
8.8	41	70	500		21	0.8	2631	1820
8.9	41	72	500	340	19	1.0	2870	1710
8.10	41	72	500	340	20	0.9	2730	1250
8.11	41	70	500	340	18	1.0	2810	520

续表

日期	进液温度（℃）	脱水温度（℃）	药剂用量（kg/d）		原料油含水率（%）	外输原油含水率（%）	一次罐污水含油量（mg/L）	外输污水含油量（mg/L）
			破乳剂	净水剂				
8.12	41	70	500	340	18	1.0	2900	325
8.13	41	72	500	340	16	1.0	2640	270
8.14	41	72	500	300	15	1.0	2720	92
8.15	41	70	500	300	17	1.2	2760	89
8.16	41	70	500	300	18	1.0	2640	89
8.20	41	70	500	300	20	0.9	2835	91
8.21	41	70	500	300	21	0.8	2460	81
8.22	41	72	500	320	22	1.0	2580	72
8.23	41	72	500	320	20	0.9	2694	85
8.24	41	70	500	320	18	1.3	2730	76
8.25	41	70	500	320	18	1.0	2498	81
8.26	41	70	500	320	16	0.9	2440	86
8.27	41	70	500	320	18	0.9	2460	88
8.28	41	72	500	320	16	0.9	2510	79
8.29	41	70	500	320	16	1.0	2470	76
8.30	41	70	500	320	18	1.1	2645	80

由表5-4可知，试验前，孤二联合站XPI-5085B破乳剂用量为600kg/d，原料油含水率为22%左右；外输原油含水率平均为1.5%；一次罐污水含油量平均为7000mg/L，外输污水含油量平均为2700mg/L。

分析表5-6可知，GD-02破乳剂试验应用期间，原料油含水率为18.1%左右，外输原油含水率平均为1.0%；一次罐污水含油量平均为2603.0mg/L，外输污水含油量平均为83.2mg/L，低于100mg/L。试验取得了明显的效果。

第二节 孤岛化学驱采出液水质稳定提升试验

通过对孤二污水站和孤五污水站等污水进行水质不稳定因素研究，发现造成水质不稳定的主要因素是污水中残留的聚合物极易滋生细菌，细菌又加重腐蚀，造成污水中沉积物增多，进而附着在管壁上造成注掺水管网堵塞严重。

针对污水水质不稳定主要因素，成功研制了高效杀菌缓蚀剂，在投加质量浓度为30 mg/L的条件下，能够有效抑菌和防腐，使污水在沿程能够稳定输送；针对注掺水管网堵塞物组分差异，研制了不同堵塞物的清除技术配方，能够有效清除注掺水管网堵塞物，保障管道畅通。

一、孤二污水站水质稳定提升试验

（一）试验目的

（1）改善污水源头水质，提高水质稳定性，减缓注水管线沿程腐蚀结垢堵塞。

（2）考察新型杀菌缓蚀剂的杀菌、缓蚀效果，评价杀菌缓蚀后污水稳定性。

（二）试验地点

根据现场调研分析，选取水质稳定性差的孤二污水站开展试验，并优选沿程污水检测线进行效果跟踪。

检测节点：孤二污水站→孤二注水站→掺水阀组→中8-4掺水间→单井。

（三）试验方案

停止现场缓蚀剂和杀菌剂投加，在孤二污水站缓冲罐前连续投加杀菌缓蚀剂，投加质量浓度为30mg/L，试验前后加药变化情况见图5-5、图5-6。定期考察孤二污水站及检测线各点腐蚀速率和细菌变化情况。

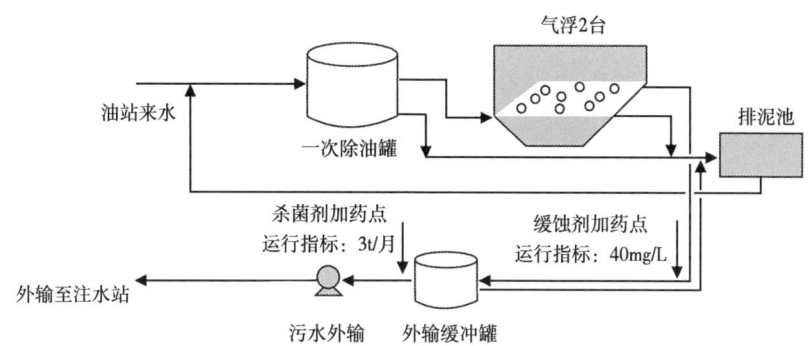

图5-5 试验前孤二污水站工艺流程

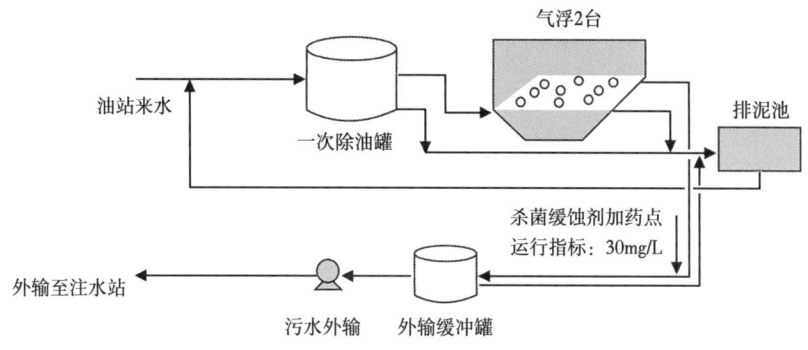

图5-6 试验后孤二污水站工艺流程

(四)效果跟踪

通过调整药剂配方,新型杀菌缓蚀剂可以选择性地在沿程污水体系中扩散发挥药效,减少含聚污水中残存的聚合物与药剂的吸附及反应,从而节省加药量;新型杀菌缓蚀剂中的两性表面活性剂可以快速渗透到污泥及垢下,有效地杀灭隐藏在污泥和结垢内部的 SRB;一剂两效在不增加成本基础上改善水质指标。

孤二污水站及检测线各点腐蚀速率和细菌变化情况见表5-7。

表5-7 孤二污水站及检测线各点腐蚀速率和细菌变化情况(室内)

节点	检测项目	试验前	试验后 2017.9.10	试验后 2017.9.22
孤二污水站	腐蚀速率(mm/a)	0.0370	0.0101	0.0049
	SRB(个/mL)	250	2.5	2.5
	TGB(个/mL)	25000	250	250
	铁细菌(个/mL)	60	0	0
孤二注水站	腐蚀速率(mm/a)	0.0528	0.0121	0.0058
	SRB(个/mL)	600	6	6
	TGB(个/mL)	25000	250	250
	铁细菌(个/mL)	60	0	0
掺水阀组	腐蚀速率(mm/a)	0.0358	0.0135	0.0052
	SRB(个/mL)	600	6	6
	TGB(个/mL)	25000	250	250
	铁细菌(个/mL)	60	0	0
中8-4掺水间	腐蚀速率(mm/a)	0.0368	0.0114	0.0042
	SRB(个/mL)	600	6	6
	TGB(个/mL)	25000	250	250
	铁细菌(个/mL)	60	0	0
单井	腐蚀速率(mm/a)	0.0568	0.0249	0.0093
	SRB(个/mL)	600	6	6
	TGB(个/mL)	25000	250	250
	铁细菌(个/mL)	60	0	0

针对孤二污水站出口污水进行现场挂片腐蚀跟踪,数据见表5-8。

表5-8 现场挂片腐蚀情况跟踪

日期	2017.8(试验前)	2017.9(试验后)
孤二污水站出口	0.1297mm/a	0.0090mm/a

孤二污水站及检测线各点污水稳定性变化情况见表5-9。

表5-9 孤二污水站及检测线各点污水稳定性变化情况表

时间	沉积物含量（%）				
	孤二污水站	孤二注水站	掺水阀组	中8-4掺水间	单井
试验前	0.70	0.71	0.72	0.71	0.72
2017.8.27	0.51	0.52	0.51	0.49	0.51
2017.9.10	0	0	0	0	0
2017.9.22	0	0	0	0	0

现场在孤岛采油厂孤二污水站开展实施，效果较好。更换药剂之前，缓蚀剂投加质量浓度为40mg/L，由于杀菌剂费用较高，采用冲击式投加，投加量为3t/月。在这种情况下，腐蚀速率为0.1297mm/a，SRB含量为250~600个/mL，沿程管线有大量悬浮物产生。新型杀菌缓蚀剂一剂两效，投加浓度为30mg/L，现场腐蚀速率降至0.0090mm/a，降幅90.6%，低于0.076mm/a技术指标要求，SRB含量降至2.5个/mL，FB和TGB含量也显著降低，产生的悬浮物量大大减少，现场各项指标均达标，效果明显。

二、孤五污水站水质稳定提升试验

（一）试验目的

（1）改善污水源头水质，提高水质稳定性，减缓注水管线沿程腐蚀结垢堵塞。
（2）针对孤五污水站污水对杀菌缓蚀剂配方进行优化，考察药剂效果。

（二）试验地点

根据现场调研分析，选取水质稳定性差的孤五污水站开展试验，降低腐蚀速率，提高水质指标以及水质稳定性，减少沿程管网堵塞物的产生。

（三）试验方案

停止现场缓蚀剂和杀菌剂投加，在孤五污水站缓冲罐前连续投加杀菌缓蚀剂，投加浓度为30mg/L。

（四）实施效果

孤五污水站新型杀菌缓蚀剂一剂两效，投加质量浓度为30mg/L，替代现场缓蚀剂和杀菌剂，实施后现场腐蚀速率由0.4mm/a降至0.02mm/a，低于0.076mm/a技术指标要求，SRB、FB和TGB含量也显著降低，产生的悬浮物量大大减少，现场各项指标均达标，效果明显。

第三节 孤岛含聚污水配聚保黏控制试验

通过室内实验,确定了污水中硫酸盐还原菌代谢产生的硫化物是导致污水配聚黏度降低的最主要原因。通过筛选高效脱硫菌种,优化调控剂配方及酶抑制剂,使特定脱硫细菌在孤岛污水中生长繁殖,利用特定微生物代谢作用来消除污水中的硫化物,在室内实验取得了较好效果的基础上,开展现场试验设计与实施,优化参数。

一、生物脱硫保黏处理试验设计方案

(一)方案编制目的

对孤岛污水开展污水生物脱硫处理现场试验,尽早解决污水中含有硫化物及亚铁导致的聚合物驱实施效果不如设计预期等问题,保障孤岛油田注水开发效果。

(二)设计原则及依据

1. 设计原则

设计原则主要包括3个:(1)贯彻节约的原则,尽量利用已有设备。(2)设计力求高标准,严要求,精心设计。(3)严格贯彻HSE体系要求,遵循以人为本、安全第一的原则。

2. 设计依据

对孤岛油田各节点SRB及硫化物的检测结果表明,污水中硫化物含量高是由SRB导致的。生物脱硫技术主要是通过生物氧化和生物竞争抑制的原理来消除和抑制污水中的硫化物,操作安全,具有持续的处理效果(在加药点后直至注聚井井底都具有脱硫稳黏效果)。

通过前期试验证实,生化处理后污水所配质量浓度为2200mg/L的聚合物溶液黏度由之前的40mPa·s上升至60mPa·s以上,达到了注聚驱聚合物溶液黏度要求。

(三)设计规模及水质要求

设计规模为9500m^3/d。

根据聚合物配注用水的要求,结合前期室内实验结果,生化处理后孤岛污水硫化物含量由2~4mg/L降低到0.2mg/L以下,亚铁含量由0.8mg/L降低到0.2mg/L以下,配聚井口黏度大于30mPa·s。

二、生物脱硫保黏现场试验实施步骤

(一)试验设计思路

根据孤岛采油厂的要求,对配聚污水开展生物脱硫除铁处理。生物脱硫除铁技术的实

施，是在现有流程不改变的情况下，通过在管线投加菌液、生物调控剂及酶抑制剂的方式来实现。

（二）生物脱硫工艺设计

该工艺主要是利用投加生物菌液及生物调控剂来实现，见图5-7，包括脱硫除铁功能菌、生物调控剂和酶抑制剂3种制剂，均为安全性液体，与污水不产生絮体，生物调控剂pH值为6.5~9，不会对后续泵罐流程造成腐蚀损坏，但不宜与人体直接接触。该工艺的实施主要分为两个阶段。

第一阶段，功能菌群构建阶段。该阶段为现场试验功能菌生态系统构建阶段，通过同步投加菌液、生物调控剂及酶抑制剂混合液来构建功能菌群。投加位置为孤四注污水站配聚污水罐进水口，投加质量浓度为100mg/L，持续时间为7~10d。

该阶段需检测功能菌生长情况（1次/d）、进出水硫化物含量（3次/d）、15#配聚站进水硫化物含量（3次/d）及配聚黏度（1次/d），见表5-10。

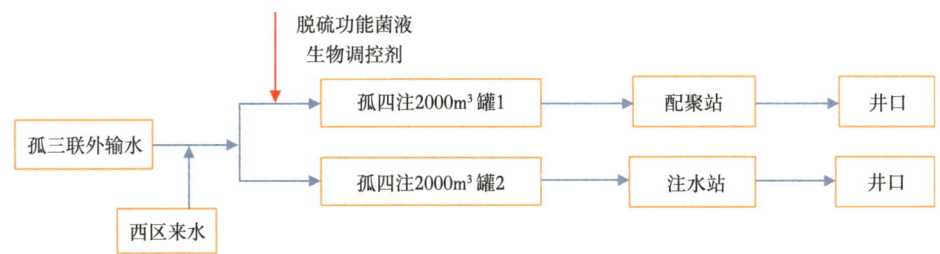

图 5-7 功能菌群构建阶段示意

需孤岛采油厂配套相应的生物调控剂连续投加装置（加药管线、泵、电路），加药量需求约为1.5m³/d。

表 5-10 功能菌群构建阶段检测项目及频次

检测项目	检测节点	频次
功能菌密度	孤四注出口	1次/d
功能菌密度	配聚站出口、井口	1次/d
S^{2-}含量	孤四注出口、配聚站出口、井口	3次/d
SRB含量	配聚站出口、井口	2次/d
Fe^{2+}含量	孤四注出口、配聚站出口、井口	3次/d
腐蚀速率	孤四注出口	1次/10d
黏度	注聚站及单井	15口/d

第二阶段，药剂优化阶段。在确保第一阶段功能菌群构建完毕后，按照功能菌群构建阶段投加方式连续投加生物调控剂及酶抑制剂（图5-8），定期（2~3月）补充功能菌液，根据现场试验情况优化加药量，在保障除硫效果基础上优化出最经济投加量。该阶段约为20d。

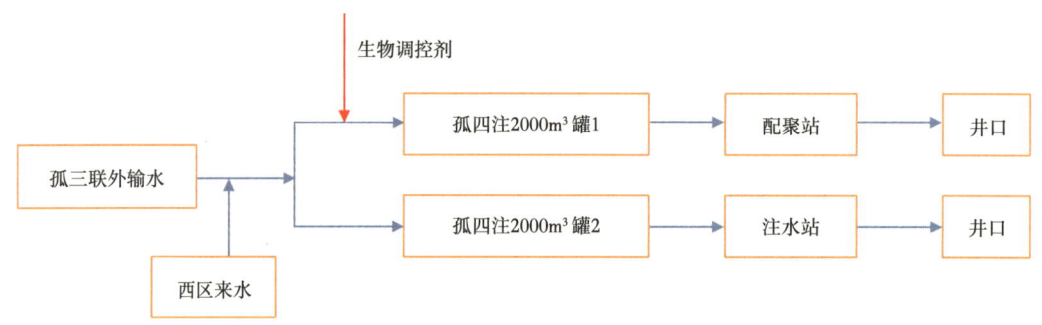

图 5-8 药剂优化阶段示意图

该阶段需检测功能菌生长情况、进出水硫化物含量、SRB 含量、15# 配聚站进水硫化物含量及配聚黏度，见表5-11。

表 5-11 药剂投加检测项目及频次

检测项目	检测节点	频次
功能菌密度	孤四注出口	1 次/d
功能菌密度	配聚站出口、井口	1 次/d
S^{2-} 含量	孤四注出口、配聚站出口、井口	3 次/d
SRB 含量	配聚站出口、井口	2 次/d
Fe^{2+} 含量	孤四注出口、配聚站出口、井口	3 次/d
腐蚀速率	孤四注出口	1 次/10d
黏度	注聚站及单井	15 口/d

三、现场运行管理

（一）地面配套

目前所用加药装置为简易加药装置，不利于现场稳定运行，考虑到后期长期使用，建议进行相关加药装置配套。

新建活动式橇装加药泵房1座，泵房内含：加药计量泵2台（1用1备，排量为0.15m³/h，额定压力为1.6MPa）、卸料泵2台（1用1备，建议使用齿轮泵，排量为20m³/h）。新建20m³药剂储罐1座，配套工艺管线流程、配电系统及暖通保温系统。

（二）加药位置及投加量

生物调控剂投加位置为孤四注污水站配聚污水罐进水口，投加量为1.5t/d（需要根据水量微调），功能菌液补充投加，2~3月投加1t。

（三）相关管理规定

为规范微生物除硫保黏项目现场运行管理工作，需明确各相关环节的管理内容及责任单位，保证项目高效顺畅运行，提升注聚开发效果。

四、QHSE要求及应急预案

（一）QHSE有关要求

（1）现场加药施工必须佩戴劳保用品。

（2）设备周围设置安全警戒线，无关人员不得入内。

（3）注意安全及环境保护，严防发生安全事故。

（4）严格按设计施工，现场施工人员要团结协作，坚守岗位，服从命令，严把施工质量，做到协调、优质、高效完成施工任务。

（5）按油田有关标准进行接电、用电、用水及设备的安装，严禁违章操作。

（6）按现场施工的实际情况，认真填写有关资料，取全、取准各项资料。

（7）施工过程中必须按照国家有关环境保护的规章制度执行，污水、废弃物等的处理必须严格按照油田有关环境保护的要求执行，严禁乱排放废水废液，防止污染环境。

（8）施工结束后，负责清理现场，对盛装药剂的容器和遗留下的余液全部回收。

（二）菌液及生物调控剂使用过程应急预案

1. 人体接触急救措施

皮肤接触：脱去污染的衣着，用肥皂水和清水彻底冲洗皮肤。

眼睛接触：提起眼睑，用流动清水或生理盐水冲洗。

食入：用水漱口，饮牛奶或蛋清。

2. 消防措施

灭火方法及灭火剂：用大量水扑救，同时用干粉灭火剂闷熄。

未尽事宜，参照相关的规范和行业标准执行。

五、现场试验效果

（一）水质指标变化情况

现场试验期间注聚站污水中硫化物由2~4mg/L稳定降至0.2mg/L以下（图5-9）。亚铁离子含量由0.7~0.8mg/L降至0.1mg/L以下（图5-10）。

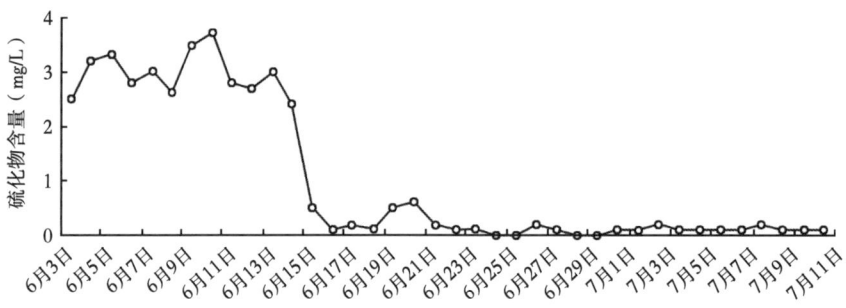

图 5-9　试验期间 15# 站硫化物含量变化

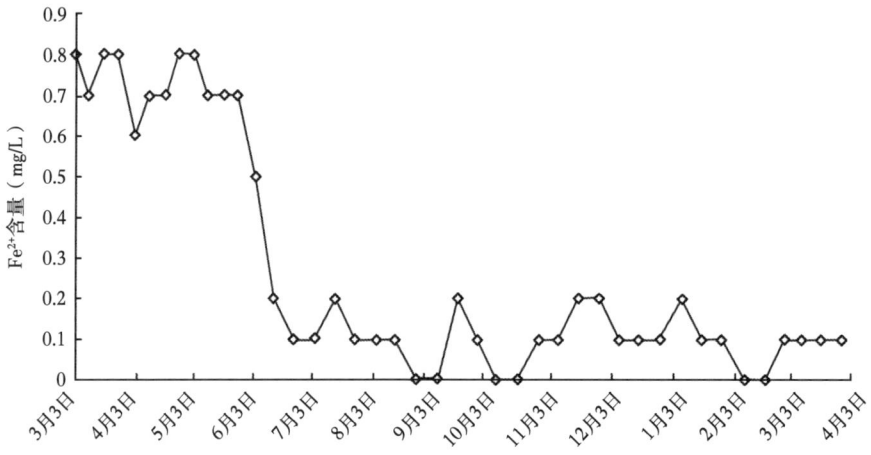

图 5-10　试验期间 15# 站亚铁含量变化

通过药剂量优化调整，确定最佳药剂量为 1.5t/d（图 5-11）。试验结果表明，实施前后 SRB 含量变化不大（图 5-12），但 S^{2-} 得到明显抑制，腐蚀速率也明显降低（图 5-13）。

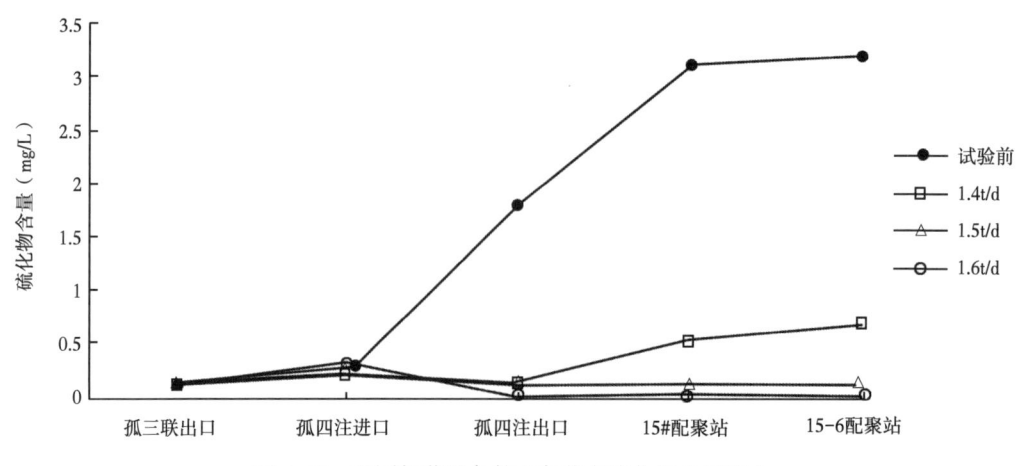

图 5-11　不同加药量条件下各节点硫化物含量变化

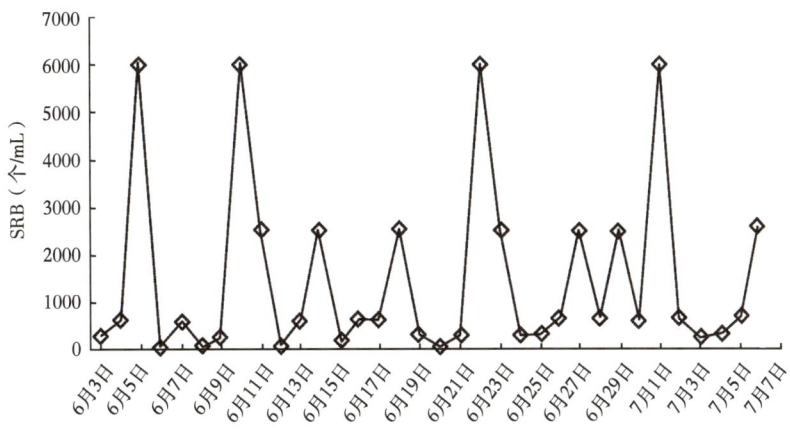

图 5-12 试验前后 15# 站 SRB 含量变化

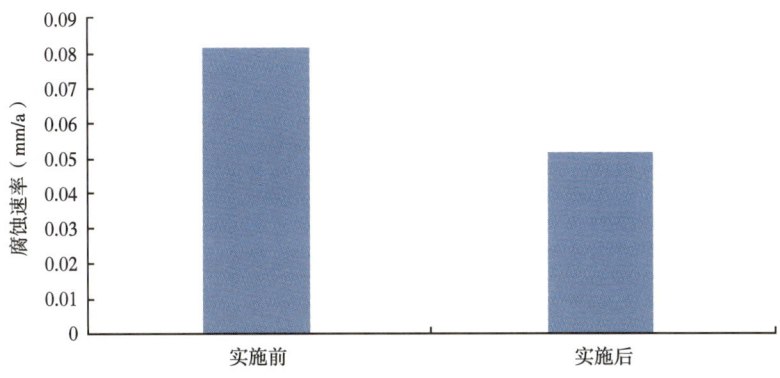

图 5-13 实施前后腐蚀速率变化

(二)矿场效果

2016年6月13日起,开始在孤四注开展现场应用,投加药剂之后,水质明显好转,室内通过污水适应性分析评价,对2200mg/L质量浓度污水稀释聚合物溶液黏度检测评价发现,黏度由之前的40mPa·s左右上升至目前的60mPa·s左右,东区北、东区南两项目井口黏度均有大幅上升(表5-12)。

表 5-12 污水适应性评价数据

化验项目	平均黏度(mPa·s)			
	三月	四月	五月	六月(加药剂后)
东区北	25.1	17.9	16.9	35.1
东区南	36.9	32.7	34.1	53.2
东区北—中二北	39.2	36.1	37.1	44.25
污水适应性 2400mg/L	41.2	50.6	51.6	72.15
污水适应性 2200mg/L	33.8	36.2	39.8	64.8
污水适应性 1800mg/L	22.8	21.7	21.4	45.1

东区北馆三段—馆四段二元驱项目于2016年3月25日停注二元，井口黏度大幅下降，由34mPa·s下降至17.5mPa·s（图5-14中红线）。自生物处理后，井口平均黏度上升至35mPa·s左右（图5-14中红线），基本恢复停注二元前水平（图5-14）。

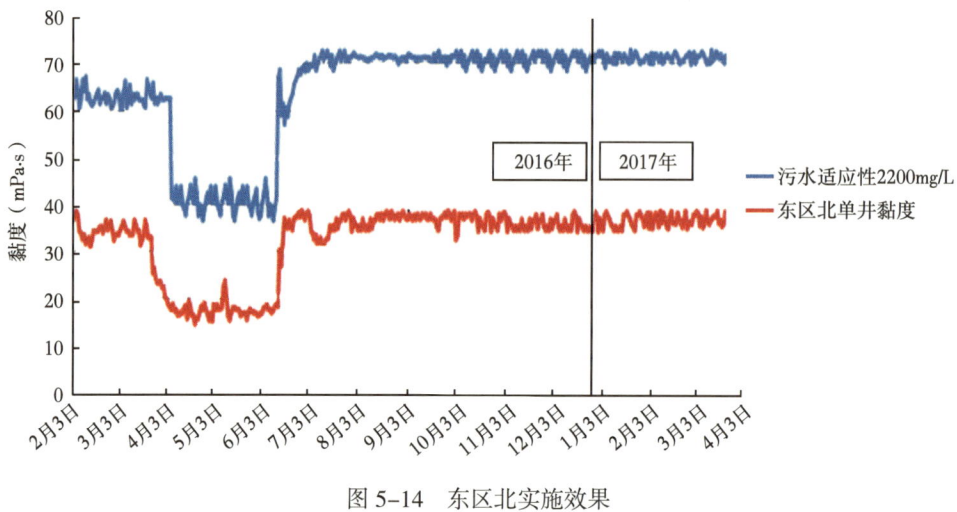

图5-14　东区北实施效果

生物处理后，东区南项目井口黏度由之前的33.2mPa·s上升至目前的53.2mPa·s，上升幅度明显（图5-15）。

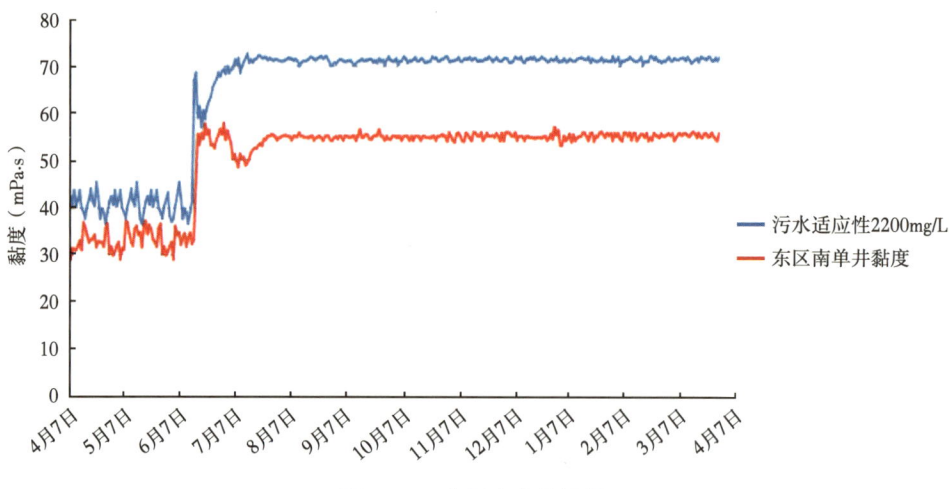

图5-15　东区南实施效果

为明确单井试验效果的连续稳定性，在单井管线长度、注入浓度差异化的前提下，选择10口井日度连续取样跟踪。发现10口井井口黏度稳定，未见异常波动（表5-13）。

表 5-13 现场试验单井情况统计

井号	管线长度（m）	设计质量浓度（mg/L）	实施前黏度（mPa·s）	实施后黏度（mPa·s）	实施前黏度保留率（%）	实施后黏度保留率（%）
GDD5N18	138	2400	21.5	49.1	52	91
GDD1N13	334	2500	37.5	67.5	63	95
GDD5N33	460	2400	35.6	64.4	53	90
GDD1-14	462	2200	35.6	49.7	61	88
GDD5-24	483	1900	15.4	31.8	67	92
GDD5N29	616	2200	18.3	42.4	76	95
GDD1-31	700	2400	33.7	67.9	66	94
GD2-37N9	749	1800	30.1	43.3	55	91
GDD5N23	931	1950	16.5	41.8	65	94
GDD5N14	1483	2000	31.1	48.0	57	92
平均			27.5	50.6	61.5	92.2

东区馆三段—馆四段注聚区块实施生物保黏控制工艺以来，现场停止投加甲醛，井口黏度提升明显且保持平稳，驱油效果得到有效改善，实施后东区北、东区南化学驱开发效果显著提升（图 5-16 至图 5-18）。

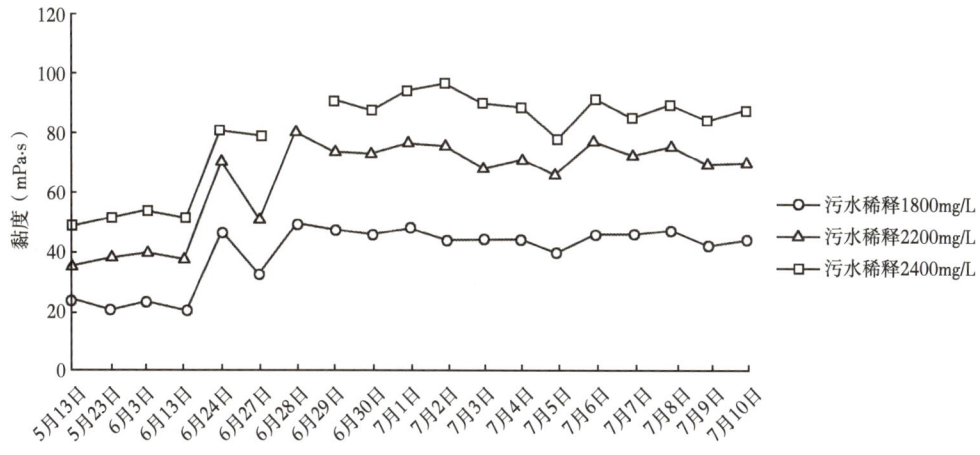

图 5-16 15# 配聚站黏度适应性

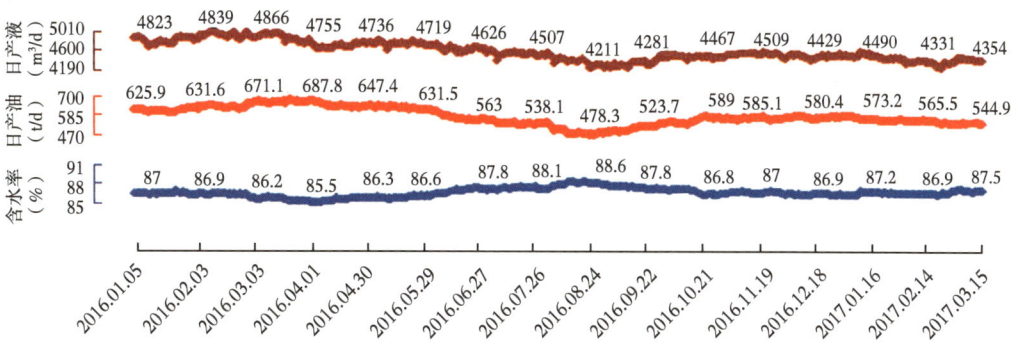

图 5-17 东区北区块生产动态曲线

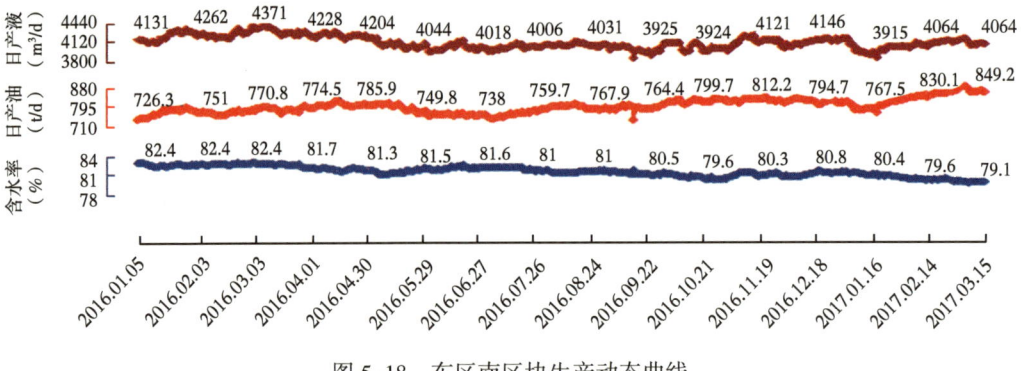

图 5-18　东区南区块生产动态曲线

参 考 文 献

陈春燕 .2019. 原油脱水技术研究进展 . 辽宁化工，48（6）：546-547，576.

王岩 .2018. 稠油降黏集输技术探讨 . 化学工程与装备，（6）：84-85.

于明建 .2018. 高分子预脱水剂在油气集输中的应用分析 . 化学工程与装备，（3）：56，61.

张丁友 .2017. 原油处理技术 . 当代化工研究，（10）：39-40.

杨君 .2014. 油田污水处理技术 . 辽宁化工，43（4）：490-492.

孟祥贺 .2017. 聚驱油田采出污水再利用技术的应用 . 内蒙古石油化工，43（7）：71-73.

张彩霞，谢国东，权红梅，等 .2016. 原油破乳技术进展 . 河南化工，33（11）：13-18.

马中辉 .2019. 油田水结垢腐蚀机理及对策研究 . 化学工程与装备，（5）：116-117.

范维玉，宋远明，等 .2001. 水包稠油乳状液稳定性研究（Ⅰ）. 石油学报（石油加工），17（增刊）：1-8.

任金恒，王彦玲，刘飞，等 .2018.O/W 乳状液稳定性的影响因素研究 . 科技通报，34（5）：1-6.

华朝，张健，李浩，等 .2017. 渤海典型稠油活性组分对油水界面性质及乳状液稳定性的影响 . 油田化学，34（4）：626-630，647.

昝晶鸽，陶鸿俊，蔺港归，等 .2019. 聚合物驱采出液化学破乳机理研究 . 河南科技，（8）：134-136.

马宝东 .2019. 支链化聚醚破乳剂对原油界面膜性质的影响 . 胶体与聚合物，37（1）：19-22.

陈善琴，郝颖平，鲍洪军，等 .2019. 降低原油乳化对集输处理的影响 . 中国石油和化工标准与质量，（5）：145-146.

富缨钧 .2018. 聚合物溶液的稳定性分析 . 化工设计通讯，44（9）：127.

唐佳斌，杨双春，张亮 .2018. 聚合物/表面活性剂二元复合体系特性评价 . 当代化工，47（8）：1567-1569，1573.

李阳 .2018. 原油脱水影响因素和优化措施思考 . 中国石油和化工标准与质量，38（12）：14-15.

孔柏岭，张红春 .1997. 淀粉—碘化镉方法测量聚丙烯酰胺水解度的研究 . 油田化学，14（1）：73-76.

杨小丽，陆婉珍 .1998. 有关原油乳状液稳定性的研究 . 油田化学，15（1）：87-96.

鄢捷年，王富华，等 .1995. 固体微粒对油水体系的乳化稳定作用 . 油田化学，12（3）:191-196.

吴迪，艾广智，等 .2000. 聚合物驱和三元复合驱采出水流变性和采出液稳定性研究 . 日用化学品科学，23(增刊1)：110-115.

康万利，岳湘安，等 .1997. 聚合物对乳状液及液膜的稳定性 . 石油学报，18（4）：122-125.

刘兰，杨少辉 .2017. 油水乳状液破乳实验研究 . 广东石油化工学院学报，27（4）：18-21.

曹广胜，杨晓雨，张志秋，等 .2017. 活性原油乳化性能的影响因素研究 . 当代化工，46（7）：1290-1292.

单莉娜 .2017. 室内模拟制备聚驱采出液方案优选及乳化稳定性评价 . 化学工程师，31（7）：39-43.

张荣明，仇念海，等 .1995. 胶质、沥青质对模拟原油乳状液破乳影响的探索性研究 . 大庆石油学院学报，19（1）：55-58.

任金恒，王彦玲，刘飞，等 .2018.O/W 乳状液稳定性的影响因素研究 . 科技通报，34（5）：1-6.

张威 .2018. 三元复合驱采出水中油滴的稳定性及脱稳机理研究 . 大庆：东北石油大学 .

孙庚, 甄建伟, 叶丁玮, 等.2017.塔河油田重质油乳状液稳定性影响因素研究.中国石油石化,（7）: 172–173.

刘杨, 王占胜, 杨杰, 等.2017.影响水包油型乳化液稳定性的因素研究.应用化工, 46（7）: 1266–1269.

朱莹.2018.聚表剂驱采出液的稳定性研究及处理.成都: 西南石油大学.

安会明, 张垒垒.2018.二元油水乳状液的制备及自然破乳规律研究.石油化工应用, 37（4）: 135–138.

单莉娜, 魏立新.2017.基于正交实验法优选原油乳状液的配制条件.当代化工, 46（2）: 296–297.

李辰.2017.复合驱采出液油水界面张力影响因素研究.大庆: 东北石油大学.

李永丰, 卢大艳, 李云峰, 等.2016.聚合物浓度对油水乳状液粒径的影响.油气田环境保护, 26（6）: 12–14, 54.

乔月, 李振泉, 杨敬一, 等.2016.多功能破乳剂用于复合驱重质原油采出液高效分离的研究.现代化工, 36（6）: 67–70, 72.

王榕, 段明, 熊艳, 等.2016.反相破乳剂SP169及DMEA169在溶液中的聚集行为.物理化学学报, 32（6）: 1482–1488.

李青, 陈家庆, 王奎升.2016.不同破乳方法下作用时间对乳状液破乳效果影响的试验研究.流体机械, 44（1）: 1–5.

刘晓霞, 朱友益.2016.驱油用水溶性乳化剂乳化力评价方法的改进.精细石油化工, 33（1）: 73–76.

吴文祥, 董雯婷, 吴鹏.2015.二元复合体系组分对乳状液类型及稳定性影响.当代化工, 44（12）: 2733–2735.

邹永莉, 郑达, 杨林, 等.2015.含聚合物原油乳状液稳定性试验研究.实验室科学, 18（6）: 14–16, 21.

李浩程, 赵德银, 高原, 等.2018.降黏剂对塔河稠油油水界面性质和乳状液稳定性的影响.石油化工高等学校学报, 31（2）: 37–41, 60.

苗杰, 龙军, 任强, 等.2017.沥青质对原油乳状液的影响研究进展.石油化工, 46（10）: 1337–1342.

于敏, 底国彬, 孙鹏.2017.乳化强度对原油乳状液黏度影响规律的研究.化工管理,（36）: 57.

杨凤斌, 王玉江, 张磊, 等.2017.物化条件对胜利原油乳状液稳定性的影响.石油化工高等学校学报, 30（6）: 27–31.

王树学.2018.浅析原油破乳剂检测标准.石化技术, 25（8）: 44.

邹德斌, 李玉华.2019.稠油乳化污水破乳剂的研究与应用.辽宁化工,（6）: 517–519.

钱玉芝, 李永丰, 何利民, 等.2017.聚合物和破乳剂对W/O型乳状液电脱水效果的影响.油田化学, 34（2）: 340–344, 366.

解金良.2019.稠油脱水低温破乳剂研究与应用.中国石油和化工标准与质量, 39（11）: 197–198.

张超.2019.含聚采出液电脱水处理实验研究.油气田地面工程, 38（4）: 30–34.

赵晓非, 王军红, 朱丽, 等.2018.原油中沥青质溶解阈值及破乳剂结构与性能分析.精细石油化工, 35（4）: 12–16.

王众, 吴伟龙, 王明宪, 等.2018.丙烯酸改性聚醚原油破乳剂的合成及其性能.石河子大学学报（自然科学版）, 36（2）: 183–189.

吴倩, 余志兵, 戴泽青, 等.2018.一种油溶性破乳剂的制备和评价.山东化工, 47（11）: 42–43, 45.

王小静 .2018. 聚合物驱采出乳状液破乳剂的筛选、合成及性能研究 . 西安：西北大学 .

李浩程，高原，辛迎春，等 .2019. 聚醚类破乳剂的界面扩张流变性质 . 高等学校化学学报，40（4）：809-814.

裴世红，王梓旭，陶洋 .2018. 改性丙烯酸系破乳剂的合成及其性能 . 石油化工，47（11）：1234-1240.

张健，向问淘，韩明，等 . 2005. 乳化原油的化学破乳作用 . 油田化学，22（3）：283-288.

王卓，王洪国，徐秉钺，等 .2018. 三元复合驱采出液破乳剂的改性及表面张力研究 . 化工科技，26（5）：47-51.

刘付刚 .2018. 破乳剂在油田组合装置中的应用 . 化工设计通讯，44（4）：64.

徐敬芳，纪萍，吴亚，等 .2018. 脂肪醇与原油破乳剂的协同作用研究 . 化工技术与开发，47（4）：1-4.

徐敬芳，纪萍，于洪江，等 .2018. 复杂原油破乳方法研究进展 . 化工技术与开发，47（3）：25-28.

刘少鹏，朱凯，胡玉东，等 .2018. 含聚稠油高效破乳剂研究与应用 . 化学研究与应用，30（2）：243-248.

杨敬一，栾雨骅，祝仰文，等 .2017. 含固体颗粒二元复合驱原油乳状液破乳研究 . 油田化学，34（3）：502-507.

涂云 .2019. 阴离子型丙烯酸酯乳液反相破乳剂合成的正交优化 . 天津化工，33（2）：12-13，16.

于鲲鹏 .2017. 聚表剂采出液现场破乳试验效果分析 . 化学工程与装备，（8）：68-70.

裴艳玲 .2019. 含油污泥处理药剂优化和应用 . 石油石化节能，9（6）：50-54.

黄丽华，江晶晶，黄刚华 .2019. 含硫气田地面集输系统胶乳状沉积物成因及处理措施 . 石油与天然气化工，48（3）：81-85.

曹博 .2017. 油田注水系统无机垢的形成动力学研究 . 西安：西安石油大学 .

吴清红，王颖 .2016. 油田水结垢腐蚀机理及对策研究 . 当代化工，45（8）：1827-1830.

李苗，郭平 .2007. 油田硫酸盐还原菌的危害和防治 . 石油化工腐蚀和防护，24（2）：49-61.

张洪强 .2018. 污水配制中低分抗盐聚合物溶液黏度影响因素研究 . 化学工程与装备，（12）：304-308.

管尊雪 .2018. 污水配制聚合物溶液影响因素及增黏效果分析 . 化工管理，（14）：52.

张林彦 .2018. 污水中离子对疏水缔合型聚合物溶液黏度的影响研究 . 中国石油和化工标准与质量，38（3）：81-82，84.

张林彦 .2018. 污水中离子对恒聚聚合物溶液黏度的影响研究 . 化工管理，（4）：83-84.

沈哲，黄志宇，李俊，等 .2017. 油田水处理药剂配伍性研究 . 油田化学，34（4）：688-693.

马士平 .2018. 油田水驱采出液硫酸盐还原菌群活性生态抑制效能及其群落演替分析研究 . 环境科学与管理，43（1）：118-121.

张铁刚 .2017. 配聚污水对聚合物溶液黏度影响及对策 . 当代化工，46（8）：1582-1584.

刘文海 .2017. 浅析影响聚合物溶液黏度的主要原因 . 化工管理，（23）：125.

周敏 .2018. 油田污水对聚合物黏度影响及对策研究 . 化工管理，（13）：93-94.

汪夺 .2017.HPAM 溶液增黏方法研究及驱油效果评价 . 大庆：东北石油大学 .

孙志涛 .2017. 污水稀释聚合物黏度损失的研究 . 大庆：东北石油大学 .

李金环，傅小丽，卓玉梅 .2014. 室内模拟硫化氢对聚合物黏度影响研究方法的建立 . 化工科技，22（6）：41-44.

张宏奇，皮文清，李昂 .2014. 硝酸盐还原菌 JNS05 抑制聚驱黏损的应用研究 . 中国给水排水，30（17）：

100–104.

王斌，宫军，王秀芝，等.2014.影响油水管线腐蚀和结垢因素探讨.内蒙古石油化工，40（11）：55–56.

夏丽萍.2012.硫酸盐还原菌的生物抑制及电化学评价.上海：华东理工大学.

庄文，初立业，邵宏波.2011.油田硫酸盐还原菌酸化腐蚀机制及防治研究进展.生态学报，31（2）：575–582.

丛丽，范晓刚，古文革，等.2010.油田水中硫酸盐还原菌的快速检测.油气田地面工程，29（8）：104.

孙宝魁，孙玉堂，张照韩.2008.油田水反硝化技术抑制硫酸盐还原菌活性研究进展.环境科学与管理，33（8）：98–101.

岳建平，王玉春，杨暹.2006.油田污水中硫酸盐还原菌腐蚀研究.榆林学院学报，16（2）：15–17.

万里，郑连爽，陈丽娥，等.2009.嗜热硫酸盐还原菌的分离及生长影响因素研究.环境科学与技术，32（10）：57–59.

吴运强，刘翠敏，廖健德，等.2008.硫化氢对聚合物黏度的影响及对策.特种油气藏，15（2）：76–77，80.

赵玉坤，丁波，贾环朝，等.2008.注聚污水曝气处理参数优化及效果.石油地质与工程，（2）：102–103.

刘广民，张照韩，陈忠喜，等.2007.利用反硝化抑制硫酸盐还原的连续流试验研究.中国给水排水，23（5）：39–43.

胡涛，朱本智，郭晓男，等.2010.渤海某油田微生物 NRB 和 SRB 培养及生长条件研究.石油与天然气，24（6）：41–44.